建工考试　　全国二级建造师执业资格考试考霸笔记

建筑工程管理与实务

考霸笔记

全彩版

全国二级建造师执业资格考试考霸笔记编写委员会　编写

中国建筑工业出版社
中国城市出版社

全国二级建造师执业资格考试考霸笔记

编写委员会

蔡 鹏　炊玉波　高海静　葛新丽　黄 凯　李瑞豪
梁 燕　林丽菡　刘 辉　刘 敏　刘鹏浩　刘 洋
马晓燕　千成龙　孙殿桂　孙艳波　王竹梅　武佳伟
杨晓锋　杨晓雯　张 帆　张旭辉　周 华　周艳君

前 言

从每年建造师考试数据分析来看，建造师考试考查的知识点和题型呈现综合性、灵活性的特点，考试难度明显加大，然而枯燥的文字难免让人望而却步。为了能够帮助广大考生更容易理解考试用书中的内容，我们编写了这套"全国二级建造师执业资格考试考霸笔记"系列丛书。

本套丛书是由建造师执业资格考试培训老师，根据"考试大纲"和"考试用书"对执业人员知识能力要求，以及对历年考试命题规律的总结，通过图表结合的方式精心组织编写的。本套丛书是对考试用书核心知识点的浓缩，旨在帮助考生梳理和归纳核心知识点。

本套丛书共5分册，分别是《建设工程施工管理考霸笔记》《建设工程法规及相关知识考霸笔记》《建筑工程管理与实务考霸笔记》《机电工程管理与实务考霸笔记》《市政公用工程管理与实务考霸笔记》。

本套丛书包括以下几个显著特色：

考点聚焦 本套丛书运用思维导图、流程图和表格将知识点最大限度地图表化，梳理重要考点，凝聚考试命题的题源和考点，力求切中考试中90%以上的知识点；通过大量的实操图对考点进行形象化的阐述，并准确记忆、掌握重点知识点。

重点突出 编写委员会通过研究分析近年考试真题，根据考核频次和分值划分知识点，通过星号标示重要性，考生可以据此分配时间和精力，以达到用较少的时间取得较好的考试成绩的目的。同时，还通过颜色标记提示考生要特别注意的内容，帮助考生抓住重点，突破难点，科学、高效地学习。

[书中红色字体标记表示重点、易考点、高频考点；蓝色字体标记表示次重点]

贴心提示 本书将不好理解的知识点归纳总结记忆方法、命题形式，提供复习指导建议，帮助考生理解、记忆，让备考省时省力。

此外，为了配合考生的备考复习，我们开通了答疑QQ群：1169572131（加群密码：助考服务），配备了专业答疑老师，以便及时解答考生所提的问题。

为了使本书尽早与考生见面，满足广大考生的迫切需求，参与本书策划、编写和出版的各方人员都付出了辛勤的劳动，在此表示感谢。

本书在编写过程中，虽然几经斟酌和校阅，但由于时间仓促，书中不免会出现不当之处和纰漏，恳请广大读者提出宝贵意见，并对我们的疏漏之处进行批评和指正。

目 录

2A310000　建筑工程施工技术

2A311000　建筑工程技术要求　　001

2A311010　建筑构造要求　　001
2A311020　建筑结构技术要求　　008
2A311030　建筑材料　　018

2A312000　建筑工程专业施工技术　　029

2A312010　施工测量技术　　029
2A312020　地基与基础工程施工技术　　031
2A312030　主体结构工程施工技术　　038
2A312040　防水与保温工程施工技术　　051
2A312050　装饰装修工程施工技术　　059
2A312060　建筑工程季节性施工技术　　070

2A320000　建筑工程项目施工管理

2A320010　建筑工程施工招标投标管理　　077
2A320020　建设工程施工合同管理　　079
2A320030　单位工程施工组织设计　　087
2A320040　建筑工程施工现场管理　　090
2A320050　建筑工程施工进度管理　　096
2A320060　建筑工程施工质量管理　　100
2A320070　建筑工程施工安全管理　　109
2A320080　建筑工程造价与成本管理　　119
2A320090　建筑工程验收管理　　123

2A330000　建筑工程项目施工相关法规与标准

2A331000　建筑工程相关法规　129

2A331010　建筑工程管理相关法规　129

2A332000　建筑工程标准　138

2A332010　建筑工程管理相关标准　138
2A332020　建筑地基基础及主体结构工程相关技术标准　142
2A332030　建筑装饰装修工程相关技术标准　147
2A332040　建筑工程节能与环境控制相关技术标准　150

2A333000　二级建造师（建筑工程）注册执业管理规定及相关要求　156

2A310000 建筑工程施工技术

2A311000 建筑工程技术要求

2A311010 建筑构造要求

【考点1】民用建筑构造要求（☆☆☆☆☆）

1. 民用建筑的分类 [14、17、18、20 单选]

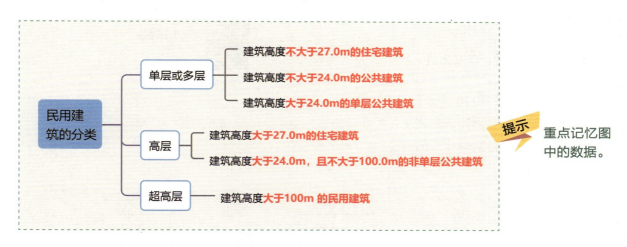

提示：重点记忆图中的数据。

2. 建筑的组成 [14 单选、15 多选、17 单选、18 单选、19 多选、20 单选]

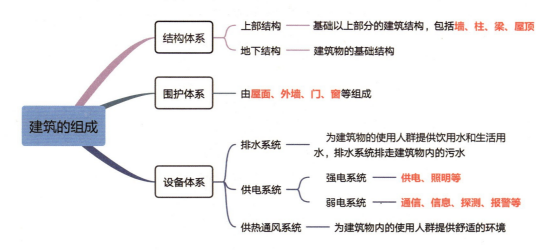

001

3. 民用建筑的构造

（1）建筑构造的影响因素 [22 一天考三科单选]

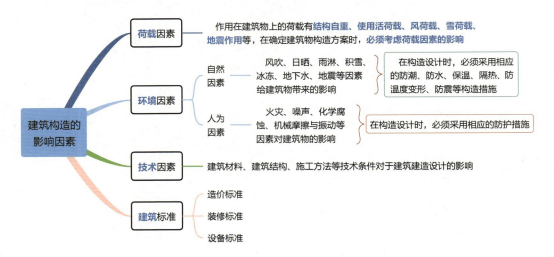

（2）建筑构造设计的原则 [18 多选]

包括：**坚**固实用、技**术**先进、**经**济合理、**美**观大方。

口诀助记：剑术精美

（3）建筑高度的计算 [16 单选]

实行建筑高度控制区内建筑的高度：按建筑物室外地面至建筑物和构筑物最高点的高度计算。

非实行建筑高度控制区内建筑的高度：

平屋顶：按建筑物室外设计地面至建筑女儿墙顶点的高度计算	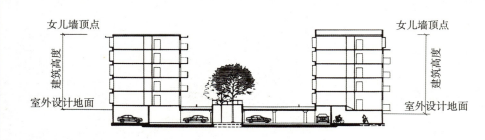
坡屋顶：按建筑物室外地面至屋檐和屋脊的平均高度计算	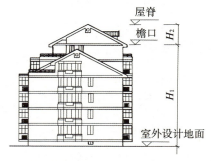 注：建筑高度 $H=H_1+(1/2)H_2$

续表

同一座建筑物有多种屋面形式时，分别计算后取最大值	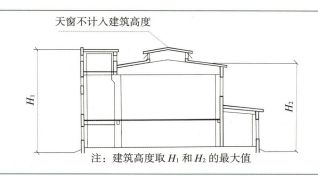 注：建筑高度取 H_1 和 H_2 的最大值

 提示 下列突出物不计入建筑高度内：局部突出屋面的楼梯间、电梯机房、水箱间等辅助用房占屋顶平面面积不超过 1/4 者，突出屋面的通风道、烟囱、通信设施和空调冷却塔等设施、设备。

（4）建筑突出物的构造要求

项目		内容	
不允许突出道路和用地红线的建筑突出物	地下	地下连续墙、支护桩、地下室底板及其基础、化粪池	
	地上	门廊、连廊、阳台、室外楼梯、凸窗、空调机位、雨篷、挑檐、装饰架构、固定遮阳板、台阶、坡道、花池、围墙、散水明沟、地下室进排风口、地下室出入口、集水井、采光井等	
人行道上空既有建筑改造工程必须突出道路红线的建筑突出物		2.50m 以上允许突出的凸窗、窗扇、窗罩	突出深度 ≤ 0.60m
		2.50m 以上允许突出活动遮阳	突出宽度不应大于人行道宽度减 1m，并不应大于 3m
		3m 及以上允许突出雨篷、挑檐	突出宽度 ≤ 2m
		3m 及以上允许突出空调机位	突出深度 ≤ 0.60m
无人行道上空既有建筑改造工程必须突出道路红线的建筑突出物		在无人行道的道路路面上空，4m 及以上允许突出空调机位、凸窗、窗扇、窗罩	

（5）室内净高要求

①应按楼地面完成面至吊顶、楼板或梁底面之间的垂直距离计算。
②当楼盖、屋盖的下悬构件或管道底面影响有效使用空间时，应按楼地面完成面至下悬构件下缘或管道底面之间的垂直距离计算。
③地下室、局部夹层、走道等有人员正常活动的最低处的净高不应小于 2m。

（6）地下室、半地下室要求 [14 单选]

①供日常人员使用时，应符合安全、卫生及节能的要求，且宜利用窗井或下沉庭院等进行自然通风和采光。
②地下室不应布置居室。
③当居室布置在半地下室时，必须采取满足采光、通风、日照、防潮、防霉及安全防护等要求的措施。

（7）避难层（间）设置要求 [15、21第二批单选]

①建筑高度大于100m的民用建筑，应设置避难层（间）。
②有人员正常活动的架空层及避难层的净高不应低于2m。

（8）防护栏杆要求 [20单选]

临空处	阳台、外廊、室内回廊、内天井、上人屋面及室外楼梯等临空处应设置防护栏杆，栏杆应以坚固、耐久的材料制作，并能承受荷载规范规定的水平荷载
临空高度在24m以下或以上	临空高度在24m以下时，栏杆高度不应低于1.05m。 临空高度在24m及以上时，栏杆高度不应低于1.10m。
临开敞中庭的栏杆	上人屋面和交通、商业、旅馆、学校、医院等建筑临开敞中庭的栏杆高度不应低于1.2m
专用活动场所的栏杆	住宅、托儿所、幼儿园、中小学及少年儿童专用活动场所的栏杆必须采用防止攀登的构造，当采用垂直杆件做栏杆时，其杆件净间距不应大于0.11m

（9）楼梯的构造要求 [15单选]

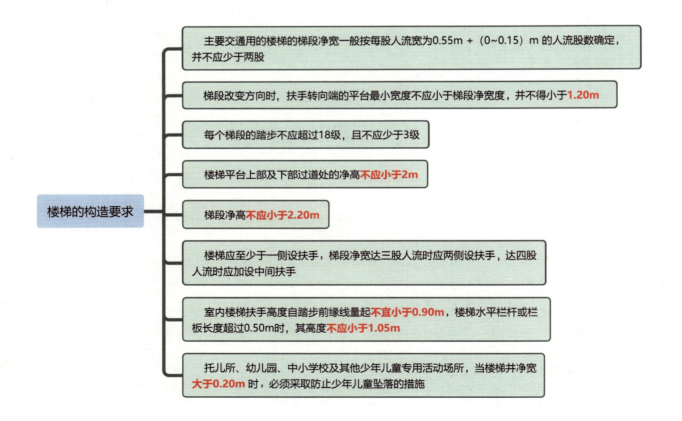

提示 楼梯的构造如下图所示。

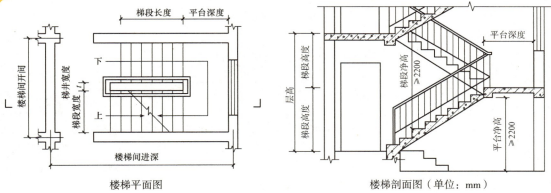

楼梯平面图　　　　　　　楼梯剖面图（单位：mm）

（10）其他构筑要求

墙身防潮、防渗与防水要求	砌筑墙体应在室外地面以上、位于室内地面垫层	设置连续的水平防潮层
	室内相邻地面有高差	应在高差处墙身贴临土壤一侧加设防潮层
	室内墙面有防潮要求	迎水面一侧应设防潮层
	室内墙面有防水要求	迎水面一侧应设防水层
	室内墙面有防污、防碰等要求	按使用要求设置墙裙
门窗要求	（1）门窗应满足抗风压、水密性、气密性等要求，且应综合考虑安全、采光、节能、通风、防火、隔声等要求。 （2）门窗与墙体应连接牢固，不同材料的门窗与墙体连接处应采用相应的密封材料及构造做法	
屋面坡度要求	屋面采用结构找坡时，坡度不应小于3%，采用建筑找坡时，坡度不应小于2%	
管道井、烟道和通风道要求	（1）民用建筑管道井、烟道和通风道应用非燃烧体材料制作，分别独立设置，不得共用。 （2）自然排放的烟道或通风道应伸出屋面，平屋面伸出高度不得小于0.60m，坡屋面伸出高度应符合规范相关要求	

 提示 一张图了解民用建筑的构造

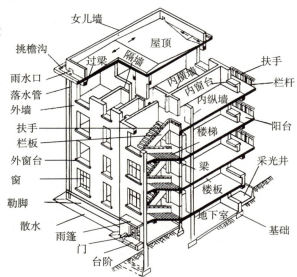

【考点2】建筑物理环境技术要求（☆☆☆☆）

1. 室内光环境 [18、21第二批、22一天考三科单选]

项目	内容
自然采光	（1）居住建筑的卧室和起居室（厅）、医疗建筑的一般病房的采光不应低于采光等级Ⅳ级的采光系数标准值。 （2）教育建筑的普通教室的采光不应低于采光等级Ⅲ级的采光系数标准值。 （3）当一套住宅中居住空间总数超过4个时，其中应有2个及以上满足采光系数标准要求。 （4）老年人居住建筑和幼儿园的主要功能房间应有不小于75%的面积满足采光系数标准要求
自然通风	（1）生活、工作的房间的通风开口有效面积不应小于该房间地面面积的1/20。 （2）厨房的通风开口有效面积不应小于该房间地板面积的1/10，并不得小于0.60m²。 （3）进出风开口的位置应避免设在通风不良区域，且应避免进出风开口气流短路。 （4）公共建筑外窗可开启面积≥外窗总面积的30%。 （5）透明幕墙应具有可开启部分或设有通风换气装置。 （6）屋顶透明部分的面积≤屋顶总面积的20%
人工照明	光源的主要类别	（1）热辐射光源有白炽灯和卤钨灯。 （2）气体放电光源有荧光灯、荧光高压汞灯、金属卤化物灯、钠灯、氙灯等
	光源的选择	（1）开关频繁、要求瞬时启动和连续调光等场所，宜采用热辐射光源。 （2）有高速运转物体的场所宜采用混合光源。 （3）应急照明必须选用能瞬时启动的光源。 （4）工作场所内安全照明的照度不宜低于该场所一般照明照度的5%。 （5）备用照明（不包括消防控制室、消防水泵房、配电室和自备发电机房等场所）的照度不宜低于一般照明照度的10%。 （6）图书馆存放或阅读珍贵资料的场所，不宜采用具有紫外光、紫光和蓝光等短波辐射的光源。 （7）顶棚上的灯具不宜设置在工作位置的正前方，宜设置在工作区的两侧，长轴方向与水平视线相平行

2. 室内热工环境

项目		内容
建筑物耗热量指标	体形系数	（1）建筑物与室外大气接触的外表面积F_0与其所包围的体积V_0的比值（面积中不包括地面和不采暖楼梯间隔墙与户门的面积）。 （2）严寒、寒冷地区的公共建筑的体形系数应不大于0.40。 （3）建筑物的高度相同，其平面形式为圆形时体形系数最小，其次为正方形、长方形以及其他组合形式。 （4）体形系数越大，耗热量比值也越大
	围护结构的热阻与传热系数	（1）热阻R与其厚度d成正比，与围护结构材料的导热系数λ成反比。 （2）$R=d/\lambda$。 （3）围护结构的传热系数$K=1/R$

续表

项目	内容
围护结构外保温相对其他类型保温做法	（1）间歇空调的房间宜采用内保温。 （2）连续空调的房间宜采用外保温。 （3）旧房改造用外保温的效果最好
围护结构和地面的保温设计	（1）控制窗墙面积比，公共建筑每个朝向的窗（包括透明幕墙）墙面积比不大于0.70。 （2）提高窗框的保温性能，采用塑料构件或断桥处理。 （3）采用双层中空玻璃或双层玻璃窗
外墙防结露与隔热措施	（1）冬季使外墙内表面附近的气流畅通，降低室内湿度，有良好的通风换气设施。 （2）夏季防结露：将地板架空、通风，用导热系数小的材料装饰室内墙面和地面。 （3）隔热的方法：外表面采用浅色处理，增设墙面遮阳以及绿化；设置通风间层，内设铝箔隔热层

【考点3】建筑抗震构造要求（☆☆☆）

1. 结构抗震相关知识

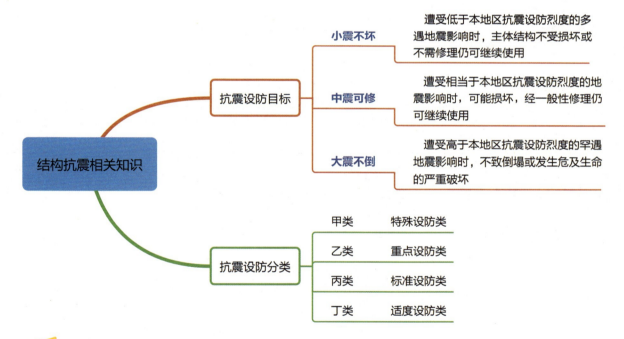

 框架结构震害的严重部位多发生在框架梁柱节点和填充墙处。

震害特点：柱＞梁，柱顶＞柱底，角柱＞内柱，短柱＞一般柱。

（在考核过程中，通常进行反向描述从而干扰考生的判断，如：内柱的震害重于角柱；柱底的震害重于柱顶等。）

2. 《建筑与市政工程抗震通用规范》GB 55002—2021 规定的抗震要求

一般规定	强度等级	混凝土结构房屋以及钢－混凝土组合结构房屋中，框支梁、框支柱及抗震等级不低于二级的框架梁、柱、节点核芯区的混凝土强度等级不应低于C30
	非承重墙体的设计与构造	（1）采用砌体墙时，应设置拉结筋、水平系梁、圈梁、构造柱等与主体结构可靠拉结。 （2）墙体及其与主体结构的连接应具有足够的延性和变形能力，以适应主体结构不同方向的层间变形需求。 （3）人流出入口和通道处的砌体女儿墙应与主体结构锚固；防震缝处女儿墙的自由端应予以加强
	建筑装饰构件的设计与构造	（1）各类顶棚的构件与楼板的连接件，应能承受顶棚、悬挂重物和有关机电设施的自重和地震附加作用；其锚固的承载力应大于连接件的承载力。 （2）悬挑构件或一端由柱支承的构件，应与主体结构可靠连接
混凝土结构房屋		框架梁和框架柱的潜在塑性铰区应采取箍筋加密措施；抗震墙结构、部分框支抗震墙结构、框架－抗震墙结构等结构的墙肢和连梁、框架梁、框架柱以及框支框架等构件的潜在塑性铰区和局部应力集中部位应采取延性加强措施
砌体结构房屋	多层砌体房屋的楼、屋盖	（1）楼板在墙上或梁上应有足够的支承长度，罕遇地震下楼板不应跌落或拉脱。 （2）楼、屋盖的钢筋混凝土梁或屋架应与墙、柱（包括构造柱）或圈梁可靠连接；不得采用独立砖柱。跨度不小于6m的大梁，其支承构件应采用组合砌体等加强措施，并应满足承载力要求
	楼梯间	（1）不应采用悬挑式踏步或踏步竖肋插入墙体的楼梯，8度、9度时不应采用装配式楼梯段。 （2）装配式楼梯段应与平台板的梁可靠连接。 （3）楼梯栏板不应采用无筋砖砌体。 （4）楼梯间及门厅内墙阳角处的大梁支承长度不应小于500mm，并应与圈梁连接。 （5）顶层及出屋面的楼梯间，构造柱应伸到顶部，并与顶部圈梁连接，墙体应设置通长拉结钢筋网片

2A311020 建筑结构技术要求

【考点1】房屋结构平衡技术要求（☆☆☆☆）

1. 作用（荷载）的分类 [18、22 一天考三科、22 两天考三科单选]

划分标准	类型	含义	举例
按随时间的变化分类（最重要）	永久作用（永久荷载或恒载）	值不随时间变化，或其变化与平均值相比可以忽略不计，或其变化是单调的并能趋于限值的荷载	包括结构构件、围护构件、面层及装饰、固定设备、长期储物的自重，土压力、水压力，以及其他需要按永久荷载考虑的荷载，例如：固定隔墙的自重、水位不变的水压力、预应力、地基变形、混凝土收缩、钢材焊接变形、引起结构外加变形或约束变形的各种施工因素

续表

划分标准	类型	含义	举例
按随时间的变化分类（最重要）	可变作用（可变荷载或活荷载）	值随时间变化，且其变化与平均值相比不可以忽略不计的荷载	楼面活荷载、屋面活荷载和积灰荷载、活动隔墙自重、安装荷载、车辆荷载、吊车荷载、风荷载、雪荷载、水位变化的水压力、温度变化等
	偶然作用（偶然荷载、特殊荷载）	在结构使用年限内不一定出现，而一旦出现其量值很大，且持续时间很短的荷载	撞击爆炸、地震作用、龙卷风、火灾等。地震作用和撞击可认为是规定条件下的可变作用，或是偶然作用
按结构的反应特点分类	静态作用或静力作用	不使结构或结构构件产生加速度或所产生的加速度可以忽略不计	固定隔墙自重，住宅与办公楼的楼面活荷载、雪荷载等
	动态作用或动力作用	使结构或结构构件产生不可忽略的加速度	地震作用、吊车设备振动等
按随空间的变化分类及按有无限值分类	按随空间的变化分类包括固定作用和自由作用；按有无限值分类包括有界作用和无界作用		
按荷载作用面大小分类	均布面荷载 Q	建筑物楼面或墙面上分布的荷载	铺设的木地板、地砖、花岗石或大理石面层等重量引起的荷载，都属于均布面荷载
	线荷载	建筑物原有的楼面或屋面上的各种面荷载传到梁上或条形基础上时，可简化为单位长度上的分布荷载，称为线荷载 q	—
	集中荷载	在建筑物原有的楼面或屋面上放置或悬挂较重物品（如洗衣机、冰箱、空调机、吊灯等）时，其作用面积很小，可简化为作用于某一点的集中荷载	—
按荷载作用方向分类	垂直荷载	—	结构自重，雪荷载等
	水平荷载	—	风荷载、水平地震作用等

 均布面荷载、线荷载、集中荷载如下图所示。

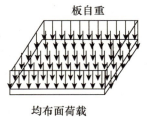
均布面荷载

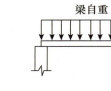
线荷载

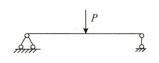
集中荷载

2. 平面力系的平衡条件及其应用 [14、20 单选]

（1）平面力系的平衡条件

二力的平衡条件	两个力大小相等，方向相反，作用线相重合（简记：同体、共线、等大、反向）	
平面汇交力系的平衡条件	一个物体上的作用力系，作用线都在同一平面内，且汇交于一点，这种力系称为平面汇交力系。平面汇交力系的平衡条件是：$\sum X=0$ 和 $\sum Y=0$	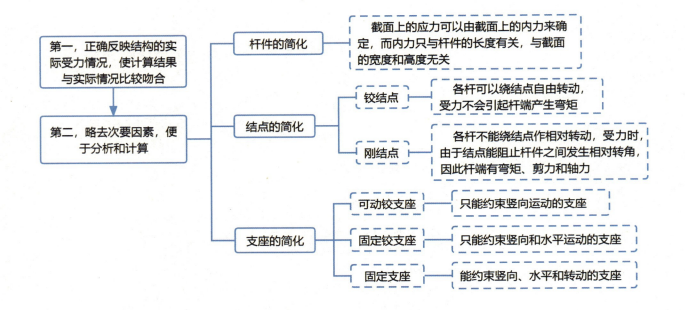
一般平面力系的平衡条件	$\sum X=0$，$\sum Y=0$ 和 $\sum M=0$	

（2）结构的计算简化

（3）杆件的受力与稳定

五种受力形式

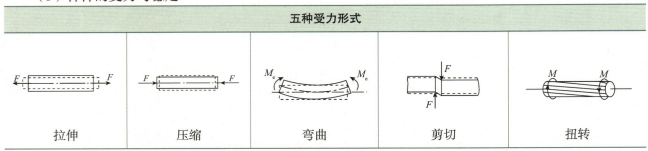

| 拉伸 | 压缩 | 弯曲 | 剪切 | 扭转 |

 提示 考试时会给出图示，判断属于哪种受力形式。

【考点2】房屋结构的安全性、适用性及耐久性要求（☆☆☆☆☆）

1. 结构的功能要求

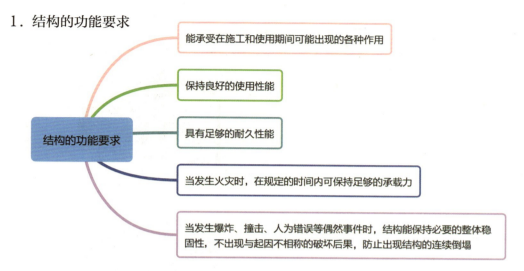

2. 结构的安全性要求 [16多选、18多选、19单选、20单选、21第一批单选、21第二批多选]

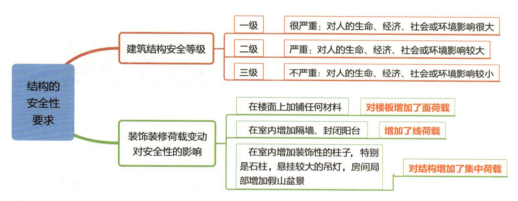

3. 结构的适用性要求

杆件刚度与梁的位移计算	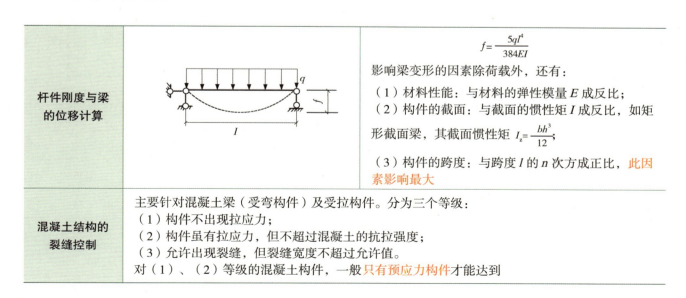 $f=\dfrac{5ql^4}{384EI}$ 影响梁变形的因素除荷载外，还有： （1）材料性能：与材料的弹性模量 E 成反比； （2）构件的截面：与截面的惯性矩 I 成反比，如矩形截面梁，其截面惯性矩 $I_z=\dfrac{bh^3}{12}$； （3）构件的跨度：与跨度 l 的 n 次方成正比，此因素影响最大
混凝土结构的裂缝控制	主要针对混凝土梁（受弯构件）及受拉构件。分为三个等级： （1）构件不出现拉应力； （2）构件虽有拉应力，但不超过混凝土的抗拉强度； （3）允许出现裂缝，但裂缝宽度不超过允许值。 对（1）、（2）等级的混凝土构件，一般只有预应力构件才能达到

4．结构的耐久性要求

（1）建筑结构设计使用年限 [14 单选]

类别	设计使用年限（年）	举例
临时性建筑结构	5	
易于替换的结构构件	25	
普通房屋和构筑物	50	
标志性建筑和特别重要的建筑结构	100	

（2）混凝土结构的环境类别

五类：Ⅰ（一般环境）、Ⅱ（冻融环境）、Ⅲ（海洋氯化物环境）、Ⅳ（除冰盐等其他氯化物环境）、Ⅴ（化学腐蚀环境）

（3）满足耐久性要求的混凝土最低强度等级 [16、18 单选]

环境类别与作用等级	设计使用年限		
	100 年	50 年	30 年
Ⅰ—A	C30	C25	C25
Ⅰ—B	C35	C30	C25
Ⅰ—C	C40	C35	C30
Ⅱ—C	C_a35、C45	C_a30、C45	C_a30、C40

续表

环境类别与作用等级	设计使用年限		
	100 年	50 年	30 年
Ⅱ-D	C_a40	C_a35	C_a35
Ⅱ-E	C_a45	C_a40	C_a40
Ⅲ-C、Ⅳ-C、Ⅴ-C、Ⅲ-D、Ⅳ-D	C45	C40	C40
Ⅴ-D、Ⅲ-E、Ⅳ-E	C50	C45	C45
Ⅴ-E、Ⅲ-F	C55	C50	C50

提示 预应力混凝土楼板结构混凝土最低强度等级**不应低于C30**,其他预应力混凝土构件的混凝土最低强度等级**不应低于C40**;C_a代表引气混凝土的强度等级。

该表格中数据较多,在复习时只需要记住3个C25,其他的混凝土最低强度等级可以这样记:同一环境类别与作用等级中,设计使用年限增加一个级别,最低强度等级增加一个等级;同一设计使用年限中,环境类别与作用等级增加一个级别,最低强度等级增加一个等级。

(4)一般环境中普通钢筋的混凝土保护层最小厚度 c(mm)[19、21 第二批单选]

构件类型 环境作用等级	板、墙		梁、柱	
	混凝土强度等级	c	混凝土强度等级	c
Ⅰ—A	≥C25	20	C25	25
			≥C30	20
Ⅰ—B	C30	25	C30	30
	≥C35	20	≥C35	25
Ⅰ—C	C35	35	C35	40
	C40	30	C40	35
	≥C45	25	≥C45	30

注:1. Ⅰ—A 环境中的板、墙,当混凝土骨料最大公称粒径不大于15mm时,保护层最小厚度可以降为15mm;

2. 年平均气温大于20℃且年平均湿度大于75%环境,除Ⅰ—A 环境中的板、墙构件外,混凝土保护层最小厚度可以增大5mm;

3. 直接接触土体浇筑的构件,其混凝土保护层厚度不应小于70mm;有混凝土垫层时,可按上表执行;

4. 预制构件的保护层厚度可比表中规定减少5mm。

【考点3】钢筋混凝土结构的特点及配筋要求（☆☆☆）

1. 钢筋混凝土结构的特点 [15 单选、17 多选]

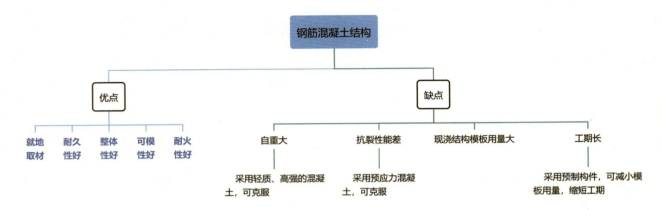

2. 钢筋混凝土结构主要技术要求

（1）结构体系

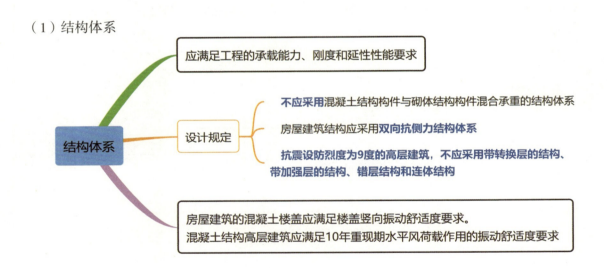

（2）结构混凝土材料

材料	内容
水泥	主要控制指标应包括凝结时间、安定性、胶砂强度和氯离子含量。水泥中使用的混合材品种和掺量应在出厂文件中明示
砂	（1）砂的坚固性指标不应大于10%；对于有抗渗、抗冻、抗腐蚀、耐磨或其他特殊要求的混凝土，砂的含泥量和泥块含量分别不应大于3.0%和1.0%，坚固性指标不应大于8%；高强混凝土用砂的含泥量和泥块含量分别不应大于2.0%和0.5%。 （2）混凝土结构用海砂必须经过净化处理。 （3）钢筋混凝土用砂的氯离子含量不应大于0.03%，预应力混凝土用砂的氯离子含量不应大于0.01%

续表

材料	内容
粗骨料	坚固性指标：不应大于12%。 对于有抗渗、抗冻、抗腐蚀、耐磨或其他特殊要求的混凝土，粗骨料中含泥量和泥块含量分别不应大于1.0%和0.5%，坚固性指标不应大于8%。 高强混凝土用粗骨料的含泥量和泥块含量分别不应大于0.5%和0.2%
外加剂　含有六价铬、亚硝酸盐和硫氰酸盐成分	不应用于饮水工程中建成后与饮用水直接接触的混凝土
外加剂　含有强电解质无机盐的早强型普通减水剂、早强剂、防冻剂和防水剂	严禁用于下列混凝土结构： ①与镀锌钢材或铝材相接触部位的混凝土结构； ②有外露钢筋、预埋件而无防护措施的混凝土结构； ③使用直流电源的混凝土结构； ④距离高压直流电源100m以内的混凝土结构
外加剂　含有氯盐的早强型普通减水剂、早强剂、防水剂和氯盐类防冻剂	不应用于预应力混凝土、钢筋混凝土和钢纤维混凝土结构
外加剂　含有硝酸铵、碳酸铵的早强型普通减水剂、早强剂和含有硝酸铵、碳酸铵、尿素的防冻剂	不应用于民用建筑工程
外加剂　含有亚硝酸盐、碳酸盐的早强型普通减水剂、早强剂、防冻剂和含有硝酸盐的阻锈剂	不应用于预应力混凝土结构
水	应控制pH、硫酸根离子含量、氯离子含量、不溶物含量、可溶物含量；当混凝土骨料具有碱活性时，还应控制碱含量；地表水、地下水、再生水在首次使用前应检测放射性

（3）结构构造要求

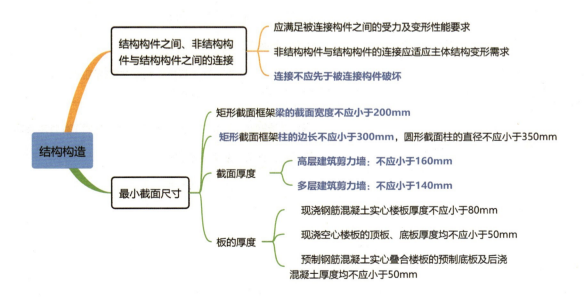

（4）结构混凝土技术要求

项目	内容
混凝土强度等级	对设计工作年限为50年的混凝土结构，结构混凝土的强度等级尚应符合下列规定；对设计工作年限大于50年的混凝土结构，结构混凝土的最低强度等级应比下列规定提高。 ①素混凝土结构构件：**不应低于C20**。 ②钢筋混凝土结构构件：**不应低于C25**。 ③预应力混凝土楼板结构：**不应低于C30**，其他预应力混凝土结构构件：**不应低于C40**。 ④钢-混凝土组合结构构件：**不应低于C30**。 ⑤承受重复荷载作用的钢筋混凝土结构构件：**不应低于C30**。 ⑥抗震等级不低于二级的钢筋混凝土结构构件：**不应低于C30**。 ⑦采用500MPa及以上等级钢筋的钢筋混凝土结构构件：**不应低于C30**
混凝土裂缝	混凝土结构应从设计、材料、施工、维护各环节采取控制混凝土裂缝的措施。混凝土构件受力裂缝的计算应符合下列规定： ①不允许出现裂缝的混凝土构件，应根据实际情况控制混凝土截面不产生拉应力或控制最大拉应力不超过混凝土抗拉强度标准值； ②允许出现裂缝的混凝土构件，应根据构件类别与环境类别控制受力裂缝宽度，使其不致影响设计工作年限内的结构受力性能、使用性能和耐久性能

 结构混凝土的最低强度等级只需要记忆三个：素混凝土（**不应低于C20**）、钢筋混凝土（**不应低于C25**）、其他预应力混凝土（**不应低于C40**），其他均为**不应低于C30**。

（5）结构钢筋技术要求

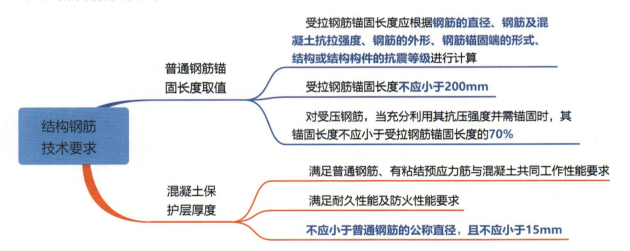

【考点4】砌体结构的特点及技术要求（☆☆☆☆）

1. 砌体结构的特点 [15、20 多选]

砌体结构的特点：
- 容易就地取材，比使用水泥、钢筋和木材造价低
- 具有较好的耐久性、良好的耐火性
- 保温隔热性能好，节能效果好
- 施工方便，工艺简单
- 具有承重与围护双重功能
- 自重大，抗拉、抗剪、抗弯能力低
- 抗震性能差
- 砌筑工程量繁重，生产效率低

2. 砌体结构的主要技术要求 [16 单选]

项目	要求
基本规定	（1）砌体结构施工质量控制等级应根据现场质量管理水平、砂浆和混凝土质量控制、砂浆拌合工艺、砌筑工人技术等级四个要素从高到低分为 A、B、C 三级，设计工作年限为 50 年及以上的砌体结构工程，应为 A 级或 B 级。 （2）砌体结构应选择满足工程耐久性要求的材料，建筑与结构构造应有利于防止雨雪、湿气和侵蚀性介质对砌体的危害。 （3）环境类别为 2～5 类条件下砌体结构的钢筋应采取防腐处理或其他保护措施。 （4）处于环境类别为 4 类、5 类条件下的砌体结构应采取抗侵蚀和耐腐蚀措施
材料	（1）砌体结构不应采用非蒸压硅酸盐砖、非蒸压硅酸盐砌块及非蒸压加气混凝土制品。 （2）填充墙的块材最低强度等级应满足：内墙空心砖、轻骨料混凝土砌块、混凝土空心砌块应为 MU3.5，外墙应为 MU5；内墙蒸压加气混凝土砌块应为 A2.5，外墙应为 A3.5
砌筑砂浆的最低强度等级	设计工作年限大于和等于 25 年的烧结普通砖和烧结多孔砖砌体为 M5；设计工作年限小于 25 年的烧结普通砖和烧结多孔砖砌体为 M2.5

【考点5】钢结构的特点及技术要求（☆☆☆）

1. 钢结构的特点

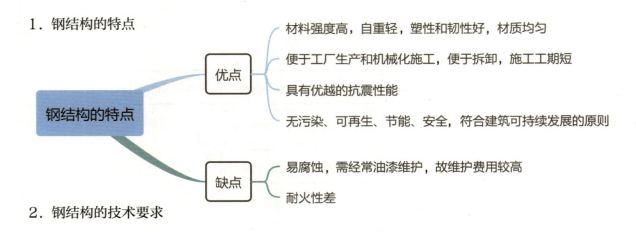

2. 钢结构的技术要求

项目	要求
材料要求	所用的钢材应具有屈服强度、断后伸长率、抗拉强度和磷、硫含量的合格保证，在低温使用环境下尚应具有冲击韧性的合格保证；对焊接结构尚应具有碳或碳当量的合格保证
设计要求	（1）螺栓孔加工精度、高强度螺栓施加的预拉力、高强度螺栓摩擦型连接的连接板摩擦面处理工艺应保证螺栓连接的可靠性；已施加过预拉力的高强度螺栓拆卸后不应作为受力螺栓循环使用。 （2）钢结构承受动荷载且需进行疲劳验算时，严禁使用塞焊、槽焊、电渣焊和气电立焊接头。 （3）高强度螺栓承压型连接不应用于直接承受动力荷载重复作用且需要进行疲劳计算的构件连接。 （4）栓焊并用连接应按全部剪力由焊缝承担的原则，对焊缝进行疲劳验算。 （5）焊接结构设计中不得任意加大焊缝尺寸，避免焊缝密集交叉

2A311030 建筑材料

【考点1】常用建筑金属材料的品种、性能和应用（☆☆☆☆☆）

1. 钢材的分类 [21第一批单选]

按化学成分		低碳钢	含碳量小于0.25%
	碳素钢	中碳钢	含碳量0.25%～0.6%
		高碳钢	含碳量大于0.6%
	合金钢	低合金钢	总含量小于5%
		中合金钢	总含量5%～10%
		高合金钢	总含量大于10%

 钢材是以铁为主要元素，含碳量为0.02%～2.06%。

2. 常用的建筑钢材 [19、22两天考三科单选]

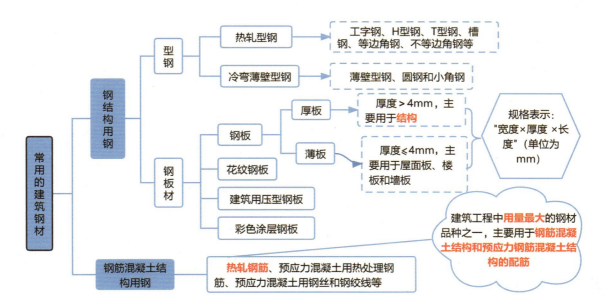

> **提示** HPB属于热轧光圆钢筋，HRB属于普通热轧钢筋，HRBF属于细晶粒热轧钢筋。

3. 建筑钢材的主要性能 [16单选、17单选、18单选、19多选、21第一批多选、21第二批多选、22一天考三科单选]

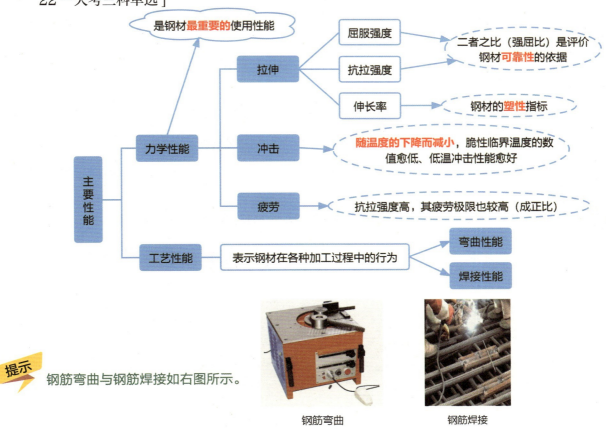

> **提示** 钢筋弯曲与钢筋焊接如右图所示。

钢筋弯曲　　　　　钢筋焊接

【考点2】水泥的性能和应用（☆☆☆☆☆）

1. 六大通用硅酸盐水泥的代号和强度等级 [19 单选]

水泥名称	简称	代号	强度等级
硅酸盐水泥	硅酸盐水泥	P·Ⅰ、P·Ⅱ	42.5、42.5R、52.5、52.5R、62.5、62.5R
普通硅酸盐水泥	普通水泥	P·O	42.5、42.5R、52.5、52.5R
矿渣硅酸盐水泥	矿渣水泥	P·S·A、P·S·B	32.5、32.5R 42.5、42.5R 52.5、52.5R
火山灰质硅酸盐水泥	火山灰水泥	P·P	
粉煤灰硅酸盐水泥	粉煤灰水泥	P·F	
复合硅酸盐水泥	复合水泥	P·C	42.5、42.5R、52.5、52.5R

 强度等级中，R 表示早强型。

2. 常用水泥的技术要求 [13、14、17、18、21 第一批单选]

凝结时间	初凝时间	含义	时间
		水泥加水拌合起至水泥浆开始失去可塑性所需的时间	常用水泥（硅酸盐、普通硅酸盐、矿渣硅酸盐、火山灰质硅酸盐、粉煤灰硅酸盐、复合硅酸盐水泥）≥45min
	终凝时间	水泥加水拌合起至水泥浆完全失去可塑性并开始产生强度所需的时间	硅酸盐水泥≤6.5h	其他5类常用水泥≤10h
体积安定性		水泥在凝结硬化过程中，体积变化的均匀性	
强度及强度等级		根据胶砂法测定水泥3d的抗压强度和28d的抗折强度来判断	
其他技术要求		标准稠度用水量、细度、化学指标（碱含量高容易产生碱骨料反应，出现混凝土破坏现象）	

 该考点在历年考试中出现的频次很高，主要为单项选择题，重点掌握凝结时间。

3. 六大常用水泥的主要特性 [21 第二批单选、22 一天考三科多选]

	硅酸盐	普通	矿渣	火山灰	粉煤灰	复合
凝结硬化	快	较快	慢	慢	慢	慢
强度	早期高	早期高	早低后快	早低后快	早低后快	早低后快
水化热	大	较大	较小	较小	较小	较小
抗冻性	好	较好	差	差	差	差
耐蚀性	差	较差	较好	较好	较好	较好

续表

	硅酸盐	普通	矿渣	火山灰	粉煤灰	复合
耐热性	差	较差	好	较差	较差	与掺入材料种类、掺量有关
干缩性	较小	较小	较大	较大	较小	
抗渗性	—	—	差	较好	—	
抗裂性	—	—	—	—	较高	

 水泥特性记忆技巧：硅酸盐水泥与普通水泥的特性全部类似，区别在于普通水泥的特性都有一个"较"，屈居"老二"的地位，其他水泥的特性则相反。矿渣水泥耐热性好；火山灰水泥抗渗性较好；粉煤灰水泥抗裂性高。

【考点3】混凝土（含外加剂）的技术性能和应用（☆☆☆☆☆）

1. 混凝土的技术性能 [13多选、15多选、18单选、20多选、21第一批多选、22一天考三科单选年多选]

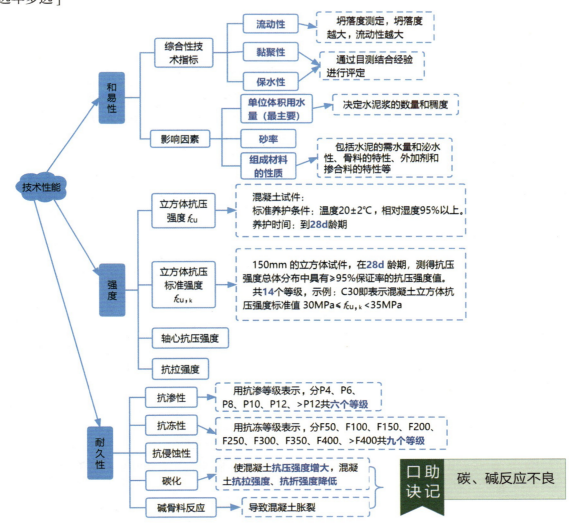

2. 混凝土外加剂分类与应用 [15、20 单选]

> **口助诀记**：流动减气泵、硬凝早缓速、耐久水气锈

功能	分类	作用	应用
改善流变性能	减水剂	不减水，可提高拌合物的流动性；减水不减水泥，可提高强度；减水减水泥，节约水泥，耐久性也可得到改善	—
	引气剂	—	—
	泵送剂	—	—
调节凝结时间、硬化性能	早强剂	加速混凝土硬化、缩短养护周期，加快施工进度，模板周转率提高	用于冬期施工、紧急抢修
	缓凝剂	—	用于高温季节、大体积、泵送与滑模施工、远距离运输的混凝土
	速凝剂	—	—
改善耐久性	引气剂	改善混凝土拌合物的和易性，减少泌水离析、提高抗渗性、抗冻性	用于抗冻、防渗、抗硫酸盐、泌水严重的混凝土
	防水剂	—	—
	阻锈剂	—	—

3. 混凝土掺合料的种类 [21 第一批单选]

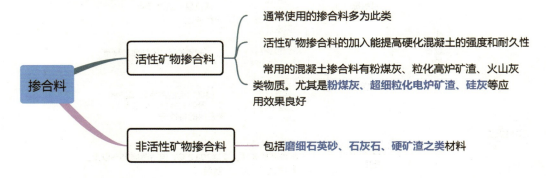

【考点4】砂浆、砌块的技术性能和应用（☆☆☆）

1. 砂浆 [16 单选、20 多选、21 第二批单选]

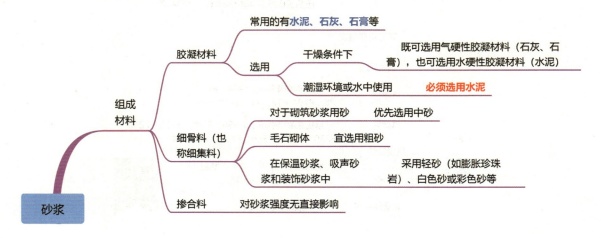

2. 砌块

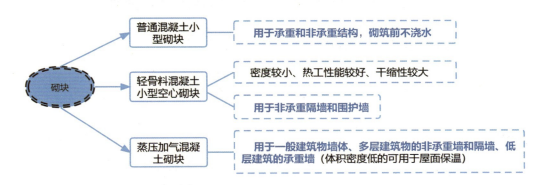

【考点5】饰面石材、陶瓷的特性和应用（☆☆☆☆）

 使用在地面、楼梯踏步、台面等严重踩踏或磨损部位的花岗石石材应检验耐磨性。

1. 饰面石材 [18单选、19多选、21第二批多选]

类型	特性		应用	
天然花岗石	构造致密、强度高、密度大、吸水率极低、质地坚硬、耐磨，耐酸、抗风化、耐久性好，使用年限长	粗面板材	用于室外地面、墙面、柱面、勒脚、基座、台阶	大型公共建筑大厅地面的优质选择
		细面板材		
		镜面板材	用于室内外地面、墙面、柱面、台面、台阶	
天然大理石	易加工、开光性好、色调丰富、材质细腻、装饰性强、耐磨性及耐酸腐蚀能力较差		用于室内墙面、柱面、服务台、栏板、电梯间门口	

023

2. 建筑卫生陶瓷

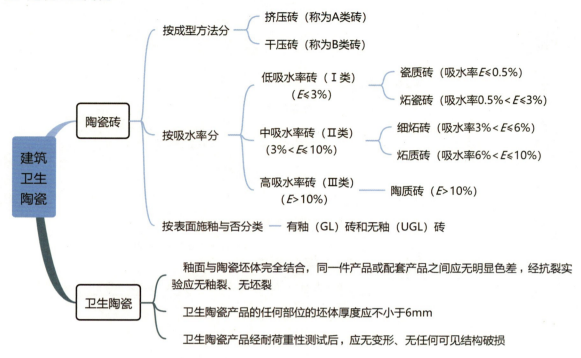

【考点6】木材、木制品的特性和应用（☆☆☆）

1. 木材的含水率与湿胀干缩变形 [17 多选、18 单选、20 单选]

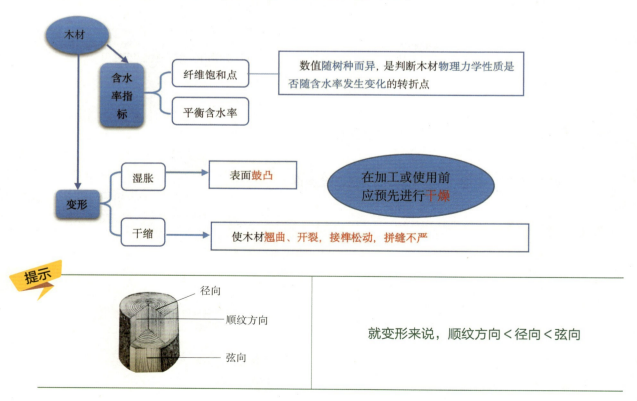

2. 木制品的特性与应用

木制品		特性与应用
实木地板		未经拼接、覆贴的单块木材直接加工而成
人造木地板	实木复合地板	按结构可分为两层实木复合地板、三层实木复合地板、多层实木复合地板。按外观质量等级分为优等品、一等品和合格品
	浸渍纸层压木质地板	强化地板适用于会议室、办公室、高清洁度实验室等，也可用于中、高档宾馆、饭店及民用住宅的地面装修等。强化地板虽然有防潮层，但不宜用于浴室、卫生间等潮湿的场所
	软木地板	属于绿色建材
人造板	胶合板	Ⅰ类胶合板即耐气候胶合板，供室外条件下使用，能通过煮沸试验。 Ⅱ类胶合板即耐水胶合板，供潮湿条件下使用，能通过63±3℃热水浸渍试验。 Ⅲ类胶合板即不耐潮胶合板，供干燥条件下使用，能通过干燥试验
	纤维板	不易变形、翘曲和开裂，各向同性，硬质纤维板可代替木材用于室内墙面、顶棚等。软质纤维板可用作保温、吸声材料
	刨花板	密度小、材质均匀，但易吸湿、强度不高，可用于保温、吸声或室内装饰等
	细木工板	构造均匀、尺寸稳定、幅面较大、厚度较大。除可用作表面装饰外，也可直接兼作构造材料

【考点7】玻璃的特性和应用（☆☆☆）[18、20 单选]

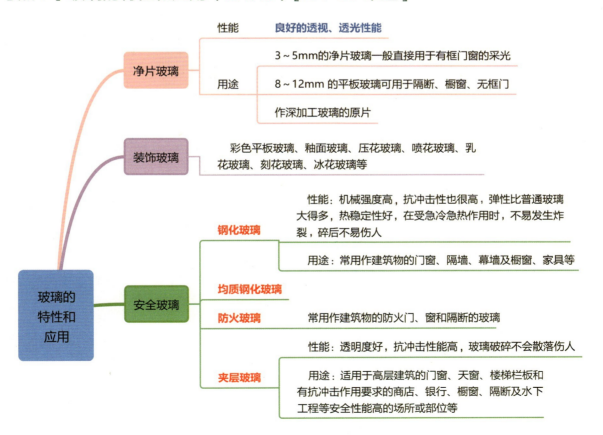

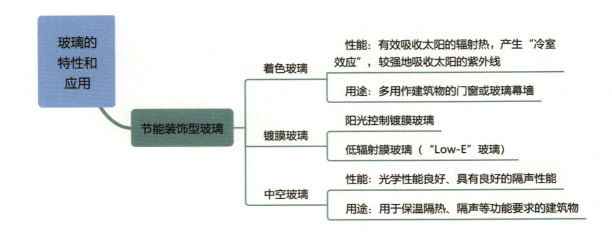

> **口助诀记** 安全玻璃：夹火花（化）；节能装饰型玻璃：空琢（着）磨（膜）。

【考点8】防水材料的特性和应用（☆☆☆）

1. 防水卷材

名称	特性	应用
SBS、APP改性沥青防水卷材	不透水性能强，抗拉强度高，延伸率大，耐高低温性能好，施工方便	适用于工业与民用建筑的屋面、地下等处的防水防潮以及桥梁、停车场、游泳池、隧道等建筑物的防水
聚乙烯丙纶（涤纶）防水卷材	优良的机械强度、抗渗性能、低温性能、耐腐蚀性和耐候性	应用于各种建筑结构的屋面、墙体、厕浴间、地下室、冷库、桥梁、水池、地下管道等工程的防水、防渗、防潮、隔气等工程
PVC高分子防水卷材	拉伸强度大、延伸率高、收缩率小、低温柔性好、使用寿命长	应用于各类工业与民用建筑、地铁、隧道、水利、垃圾掩埋场、化工、冶金等多个领域的防水、防渗、防腐工程
TPO高分子防水卷材	超强的耐紫外线、耐自然老化能力，优异的抗穿刺性能，高撕裂强度、高断裂延伸性	适用于工业与民用建筑及公共建筑的各类屋面防水工程
自粘复合防水卷材	强度高、延伸性强、自愈性好，施工简便、安全性高等	适用于工业与民用建筑的室内、屋面、地下防水工程，蓄水池、游泳池及地铁隧道防水工程，木结构及金属结构屋面的防水工程

2. 建筑防水涂料 [18多选]

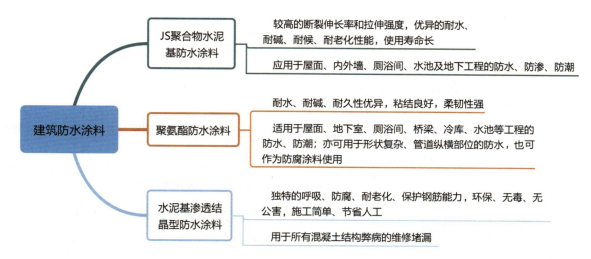

3. 刚性防水材料 [15多选]

名称	特性	应用
防水混凝土	节约材料，成本低廉，渗漏水时易于检查，便于修补，耐久性好	主要适用于一般工业、民用及公共建筑的地下防水工程
防水砂浆	操作简便，造价便宜，易于修补	仅适用于结构刚度大、建筑物变形小、基础埋深小、抗渗要求不高的工程，不适用于有剧烈振动、处于侵蚀性介质及环境温度高于100℃的工程

【考点9】保温与防火材料的特性和应用（☆☆☆）

1. 影响保温材料导热系数的因素

材料的性质	表观密度与孔隙特征	湿度	温度	热流方向

可能会考查多项选择题。

2. 常用保温材料的特性和应用

名称		特性	应用
聚氨酯泡沫塑料	喷涂型硬泡聚氨酯	保温性能好、防水性能优异、防火阻燃性能好、使用温度范围广、耐化学腐蚀性好、使用方便	应用于屋面和墙体保温。可代替传统的防水层和保温层，具有一材多用的功效
	硬泡聚氨酯板材		
改性酚醛泡沫塑料		绝热性、耐化学溶剂腐蚀性、吸声性能、吸湿性、抗老化性、阻燃性、抗火焰穿透性好	应用于防火保温要求较高的工业建筑和民用建筑

3. 建筑防火材料 [21第二批单选、22两天考三科单选]

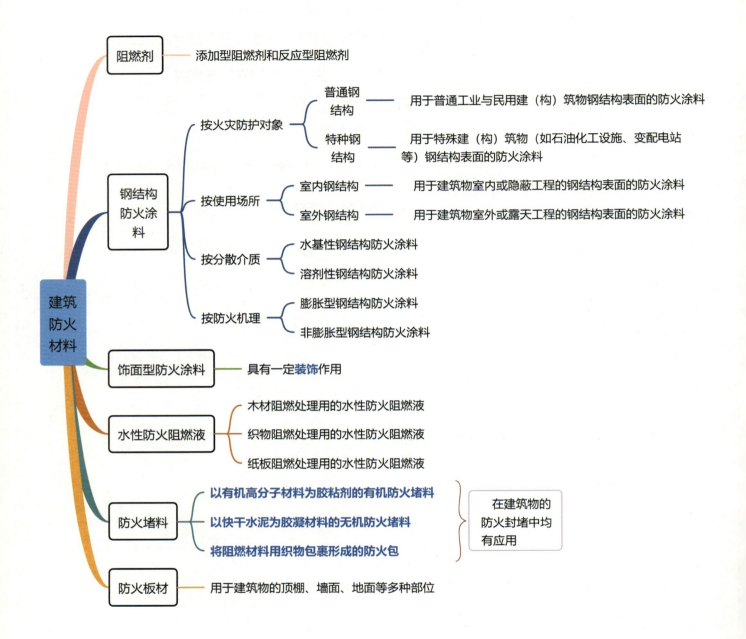

2A312000 建筑工程专业施工技术

2A312010 施工测量技术

【考点1】 常用测量仪器的性能与应用（☆☆☆☆☆）
[15、16、18、19、20、21第二批、22一天考三科、22两天考三科单选]

测量仪器	图示	性能与应用
钢尺		测量距离
水准仪		（1）进行水准测量。 （2）主要功能是测量两点间的高差。 （3）我国的水准仪系列分为DS05、DS1、DS3等几个等级。其中DS05型和DS1型水准仪称为精密水准仪，用于国家一、二等水准测量和其他精密水准测量；DS3型水准仪称为普通水准仪，用于国家三、四等水准测量和一般工程水准测量
经纬仪		（1）进行水平角和竖直角测量。 （2）在工程中常用的经纬仪有DJ2和DJ6两种中，DJ6型进行普通等级测量，而DJ2型则可进行高等级测量工作
激光铅直仪		进行点位的竖向传递

029

续表

测量仪器	图示	性能与应用
全站仪		可以同时进行角度测量和距离测量

提示 历年都以单项选择题考查，应熟练掌握各仪器的用途。

【考点2】施工测量的内容与方法（☆☆☆）[14案例、17单选、21第一批单选]

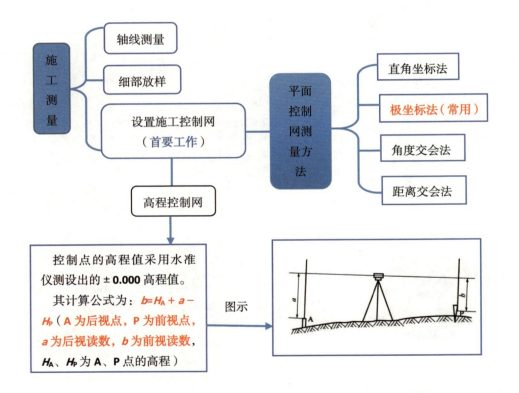

控制点的高程值采用水准仪测设出的±0.000高程值。其计算公式为：$b=H_A+a-H_P$（A为后视点，P为前视点，a为后视读数，b为前视读数，H_A、H_P为A、P点的高程）

提示 施工测量现场主要工作有，对已知长度的测设、已知角度的测设、建筑物细部点平面位置的测设、建筑物细部点高程位置及倾斜线的测设等。（简记：测角、测距、测高差）
对于高程的计算，需要懂原理，会计算；能够分清前后读数。

2A312020 地基与基础工程施工技术

【考点1】土方工程施工技术（☆☆☆☆☆）

1. 土方开挖 [13案例、15单选、15案例]

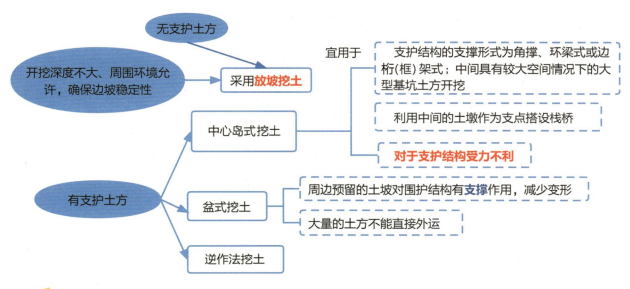

提示

中心岛式挖土	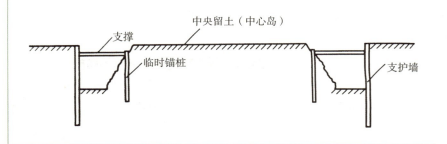
基坑边缘堆置土方和建筑材料，或沿挖方边缘移动运输工具和机械，一般应距基坑上部边缘**不少于2m，堆置高度不应超过1.5m**。基坑周围地面应进行防水、排水处理，严防雨水等地表水浸入基坑周边土体	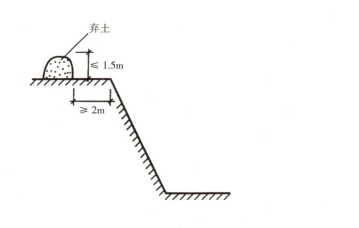

2. 土方回填 [19多选、20单选、21第一批多选、22一天考三科单选]

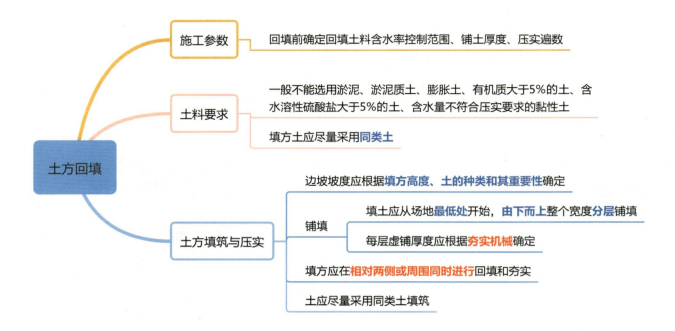

【考点2】人工降排地下水施工技术（☆☆☆☆）[17单选、20多选、21第二批单选]

基坑开挖深度浅，基坑涌水量不大时，可采用边开挖边用**排水沟和集水井进行集水明排的方法**。在软土地区基坑开挖深度超过3m时，一般可采用**井点降水**。

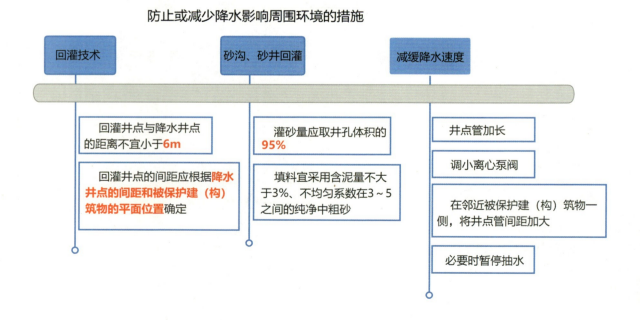

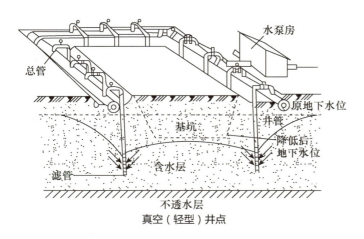

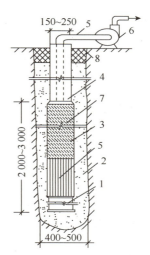

1-沉砂管；2-钢筋焊接骨架；3-滤网；
4-管身；5-吸水管；6.离心泵；
7-小砾石过滤层；8-黏土封口

管井井点

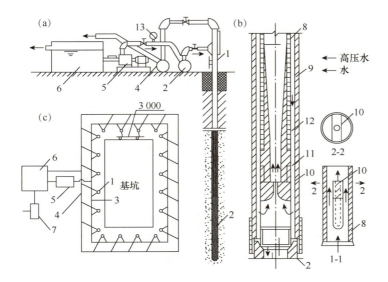

(a) 喷射井点设备简图； (b) 喷射扬水器详图； (c) 喷射井点平面布置图
1-喷射井管；2-滤管；3-进水总管；4-排水总管；5-高压水泵；6-积水池；
7-水泵；8-内管；9-外管；10-喷嘴；11-混合室；12-扩散室；13-压力表

喷射井点

【考点3】基坑验槽与局部不良地基处理方法（☆☆☆☆☆）

1. 基坑验槽

（1）验槽前的准备工作 [16 单选]

①察看结构说明和地质勘察报告，对比结构设计所用的地基承载力、持力层与报告所提供的是否相同。
②询问、察看建筑位置是否与勘察范围相符。
③察看场地内是否有软弱下卧层。
④场地是否为特别的不均匀场地、是否存在勘察要求进行特别处理的情况，而设计方没有要求进行处理。
⑤要求建设方提供场地内是否有地下管线和相应的地下设施说明或图纸。

（2）验槽程序 [13 单选、13 多选、16 多选、21 第二批多选、22 一天考三科多选]

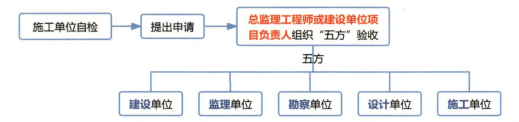

 案例分析题中可能会考核验收组织。

（3）验槽的主要内容

> ①根据设计图纸检查基槽的开挖平面位置、尺寸、槽底深度，检查是否与设计图纸相符，开挖深度是否符合设计要求。
> ②仔细观察槽壁、槽底土质类型、均匀程度和有关异常土质是否存在，核对基坑土质及地下水情况是否与勘察报告相符。
> ③检查基槽之中是否有旧建筑物基础、古井、古墓、洞穴、地下掩埋物及地下人防工程等。
> ④检查基槽边坡外缘与附近建筑物的距离，基坑开挖对建筑物稳定是否有影响。
> ⑤天然地基验槽应检查核实分析钎探资料，对存在的异常点位进行复核检查。桩基应检测桩的质量是否合格。

（4）验槽方法 [17 多选、20 单选]

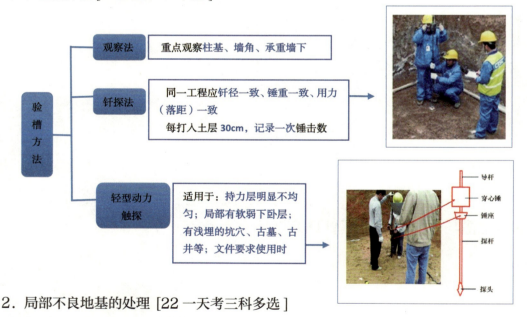

2. 局部不良地基的处理 [22 一天考三科多选]

局部硬土的处理	处理时要根据周边土的土质情况确定回填材料，如果全部开挖较困难时，在其上部做软垫层处理，使地基均匀沉降
局部软土的处理	如软土厚度不大时，通常采取清除软土的换土垫层法处理，一般采用级配砂石垫层，压实系数不小于 0.9。 当厚度较大时，一般采用现场钻孔灌注桩、混凝土或砌块石支撑墙（或支墩）至基岩进行局部地基处理

【考点4】砖、石基础施工技术（☆☆☆）

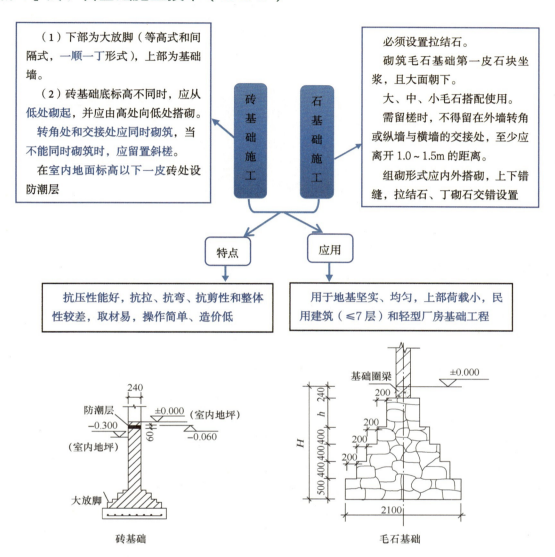

【考点5】混凝土基础与桩基施工技术（☆☆☆☆☆）

1. 混凝土基础施工技术

（1）混凝土基础的形式 [14 多选、21 第二批多选]

单独基础	台阶式基础	分层一次浇筑完，严禁设施工缝
	浇筑台阶式柱基	垂直交角处不可出现吊脚现象
	高杯口基础	可后安装杯口模
	锥式基础	注意斜坡混凝土捣固质量

条形基础浇筑	①分段分层连续浇筑，各段层间至少在初凝前相互衔接，不留施工缝。 ②浇筑应逐段逐层呈阶梯形向前推进，每段浇筑长度控制在 2000～3000mm		墙身 条形基础 大放脚
设备基础浇筑	①分层浇筑，每层混凝土浇筑厚度控制在 300～500mm，上下层之间不形成施工缝。 ②按从低处开始，沿长边由一端到另一端浇筑或中间到两边、两边到中间的顺序进行浇筑		

 熟悉条形基础、设备基础浇筑技术要点。

（2）基础底板大体积混凝土工程 [13、16、22 两天考三科多选]

基础底板大体积混凝土工程	浇筑	①分层浇筑。 ②上层混凝土应在下层混凝土初凝前浇筑完毕	
	养护时间	覆盖、浇水	12h 内
		普通硅酸盐水泥拌制	≥ 14d
		矿渣水泥、火山灰水泥拌制	根据水泥性能、施工方案要求确定
	裂缝控制	选用低水化热的矿渣水泥；掺入适量微膨胀剂或膨胀水泥，降低水胶比，减少水泥用量；降低混凝土的入模温度及内外温差；及时对混凝土进行保温、保湿养护；预埋冷却水管，降低水化热温度；设置后浇带；二次抹面	

 这部分内容还会可能考核案例分析题，重点掌握养护时间。

2. 混凝土预制桩、灌注桩施工技术 [14案例、19多选]

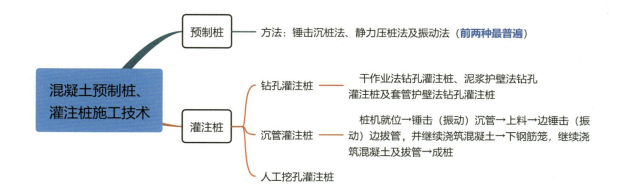

【考点6】基坑监测技术（☆☆☆☆☆）

1. 基坑支护结构安全等级划分 [15单选]

安全等级	支护结构失效、土体过大变形对基坑周边环境或主体结构施工安全的影响	重要性系数
一级	很严重	1.10
二级	严重	1.00
三级	不严重	0.90

2. 基坑监测 [14单选、18案例、21第一批单选、22一天考三科多选]

当出现下列情况之一时，应提高监测频率：
（1）监测数据达到预警值。
（2）监测数据变化较大或者速率加快。
（3）存在勘察未发现的不良地质状况。
（4）超深、超长开挖或未及时加撑等违反设计工况施工。
（5）基坑附近地面荷载突然增大或超过设计限值。
（6）周边地面突发较大沉降、不均匀沉降或出现严重开裂。
（7）支护结构出现开裂。
（8）邻近建筑突发较大沉降、不均匀沉降或出现严重开裂。
（9）基坑及周边大量积水、长时间连续降雨、市政管道出现泄漏。
（10）基坑底部、侧壁出现管涌、渗漏或流砂等现象。
（11）膨胀土、湿陷性黄土等水敏性特殊土基坑出现防水、排水等防护设施损坏，开挖暴露面有被水浸湿的现象。
（12）多年冻土、季节性冻土等温度敏感性土基坑经历冻、融季节。
（13）高灵敏性软土基坑受施工扰动严重、支撑施作不及时、有软土侧壁挤出、开挖暴露面未及时封闭等异常情况。
（14）出现其他影响基坑及周边环境安全的异常情况。

2A312030 主体结构工程施工技术

【考点1】钢筋混凝土结构工程施工技术（☆☆☆☆☆）

1. 模板工程

（1）常见模板体系及其特性 [15 单选、22 一天考三科多选]

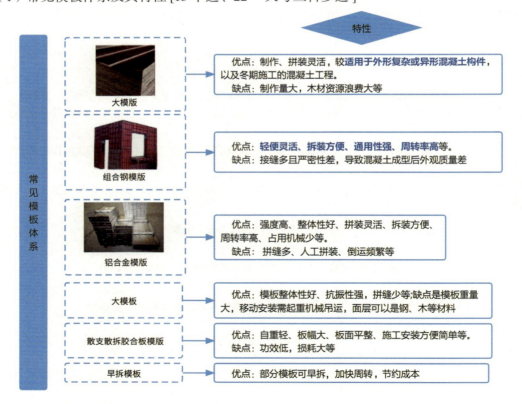

（2）模板工程设计的主要原则

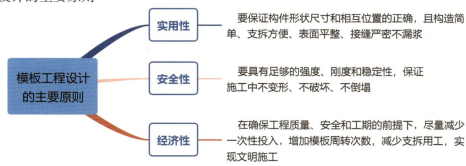

| 助记口诀 | 主要原则包括实全济。 |

（3）模板工程安装要点

①竖向模板安装时，应在安装基层面上测量放线，并应采取保证模板位置准确的定位措施。对竖向模板及支架，安装时应有临时稳定措施。
②对跨度不小于4m的现浇钢筋混凝土梁、板，其模板应按设计要求起拱；当设计无具体要求时，起拱高度应为跨度的1/1000～3/1000。
③采用扣件式钢管作高大模板支架的立杆时，支架搭设应完整。钢管规格、间距和扣件应符合设计要求；立杆上应每步设置双向水平杆，水平杆应与立杆扣接；立杆底部应设置垫板。
④安装现浇结构的上层模板及其支架时，下层楼板应具有承受上层荷载的承载能力，或加设支架；上、下楼层模板支架的立柱宜对准，并铺设垫板；模板及支架杆件等应分散堆放。
⑤模板与混凝土的接触面应清理干净并涂刷隔离剂，不得采用影响结构性能或妨碍装饰工程的隔离剂；隔离剂不得污染钢筋和混凝土接槎处。
⑥模板安装应与钢筋安装配合进行，梁柱节点的模板宜在钢筋安装后安装。

（4）模板的拆除 [13单选、15案例、16案例、18单选、20案例、21第一批单选、21第二批多选]

模板拆除时，拆模的顺序和方法应按模板的设计规定进行。当设计无规定时，可采取先支的后拆、后支的先拆，先拆非承重模板、后拆承重模板的顺序，并应从上而下进行拆除。

底模拆除时的混凝土强度要求应符合下列规定：

构件类型	构件跨度（m）	达到设计的混凝土立方体抗压强度标准值的百分率（%）
板	≤2	≥50
	>2，≤8	≥75
	>8	≥100
梁、拱、壳	≤8	≥75
	>8	≥100
悬臂结构		≥100

这部分内容要重点记忆,在案例分析题中也经常会考核。

2. 钢筋工程

(1) 钢筋代换

钢筋代换时,应征得设计单位的同意并办理相应设计变更文件。代换后钢筋的间距、锚固长度、最小钢筋直径、数量等构造要求和受力、变形情况均应符合相应规范要求。

(2) 钢筋连接 [13 单选、14 单选、19 多选、20 单选、21 第一批单选]

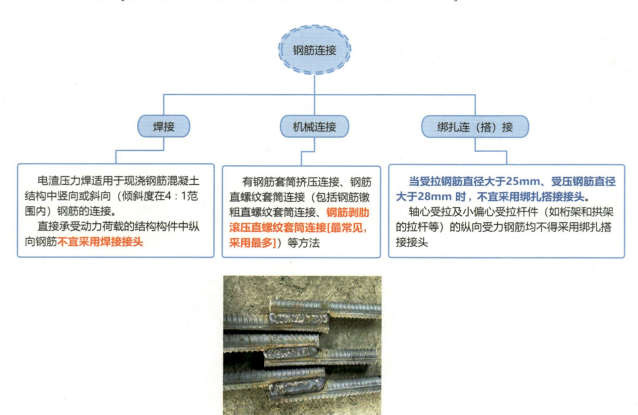

焊接

机械连接

绑扎

 钢筋接头位置宜设置在受力较小处。同一纵向受力钢筋不宜设置两个或两个以上接头。接头末端至钢筋弯起点的距离不应小于钢筋直径的 10 倍。

（3）钢筋加工 [14、20 案例]

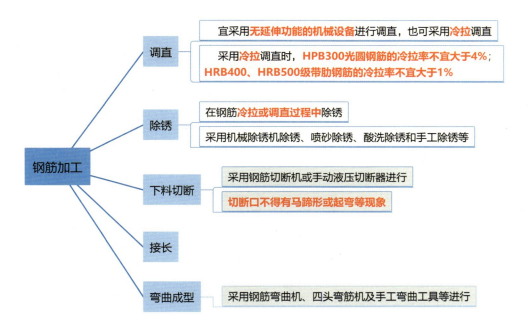

 钢筋加工宜在常温状态下进行，加工过程中不应加热钢筋。这部分内容会考到实操题，重点掌握。

（4）钢筋绑扎

		绑扎要求	绑扎顺序
柱钢筋	每层柱第一个钢筋接头位置距楼地面高度	不宜小于 500mm、柱高的 1/6 及柱截面长边（或直径）的较大值	模板安装前
	框架梁、牛腿及柱帽等钢筋	应放在柱子纵向钢筋的内侧	
	箍筋的接头（弯钩叠合处）	应交错布置在四角纵向钢筋	
墙钢筋	垂直钢筋	每段长度不宜超过 4m（钢筋直径不大于 12mm）或 6m（钢筋直径大于 12mm）或层高加搭接长度，水平钢筋每段长度不宜超过 8m，以利绑扎	在墙模板安装前
	双层钢筋网	在两层钢筋间应设置撑铁或绑扎架	
梁、板钢筋	接头位置	上部钢筋接头位置宜设置在跨中 1/3 跨度范围内，下部钢筋接头位置宜设置在梁端 1/3 跨度范围内	梁的钢筋：宜在梁底模上绑扎，其两侧或一侧模板后安装。板的钢筋在模板安装后绑扎
	板、次梁与主梁交叉处	板的钢筋在上，次梁的钢筋居中，主梁的钢筋在下；当有圈梁或垫梁时，主梁的钢筋在上	
	框架节点处钢筋穿插十分稠密时	梁顶面主筋间的净距要有 30mm	

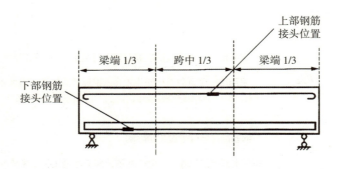

梁的上部、下部钢筋接头位置

3. 混凝土工程 [16 单选、16 案例、18 案例、19 单选、21 第二批案例、22 一天考三科多选]

项目		内容
原材料	水泥	普通混凝土结构宜选用通用硅酸盐水泥；有抗渗、抗冻融要求的混凝土宜选用硅酸盐水泥或普通硅酸盐水泥
	骨料（石子、砂）粗骨料	最大粒径≤构件截面最小尺寸的1/4，并≤钢筋最小净间距的3/4
	细骨料	宜用天然砂或机制砂
	外加剂	含有尿素、氨类的外加剂不得用于房屋建筑中
	水	未处理的海水禁用
配合比		根据混凝土强度等级、耐久性、工作性等技术要求进行计算、试配调整后确定
混凝土的搅拌与运输		掺有外加剂时搅拌时间适当延长；分层、离析现象在运输过程中不应出现；混凝土在初凝前需运至现场并浇筑完毕；坍落度损失较大时可加入适量减水剂
泵送混凝土		入泵坍落度≥100mm；水胶比≤0.6；胶凝材料总量≥300kg/m³；投料顺序按规定进行
混凝土浇筑		竖向结构混凝土浇筑过程中不得发生离析现象。 混凝土应连续浇筑，必须间歇时，应尽量在前层混凝土初凝之前，将下一层混凝土浇筑完毕。 浇筑顺序：梁板同时浇筑，有主次梁时顺次梁浇筑，单向板沿长边浇筑，拱和高度大于1m时，可单独浇筑
施工缝		（1）柱、墙水平施工缝可留设在基础、楼层结构顶面、楼层结构底面。 （2）有主次梁的楼板垂直施工缝应留设在次梁跨度中间的1/3范围内。 （3）单向板施工缝应留设在平行于板短边的任何位置。 （4）楼梯梯段施工缝宜设置在梯段板跨度端部的1/3范围内。 （5）墙的垂直施工缝宜设置在门洞口过梁跨中1/3范围内，也可留设在纵横交接处。 （6）特殊结构部位留设水平或垂直施工缝应征得设计单位同意
后浇带的设置与处理		后浇带在无设计要求时至少保留14d后再浇筑；后浇带可采用强度等级比原结构高一级的微膨胀混凝土填充；其接缝处按施工缝处理

续表

项目	内容
混凝土的养护	终凝前进行养护。 养护时间：硅酸盐、普通硅酸盐、矿渣硅酸盐水泥 ≥ 7d；掺入外加剂、掺合料的混凝土、抗渗混凝土、后浇带混凝土 ≥ 14d
大体积混凝土施工	运输过程中的离析现象发生时应快速搅拌，时间 ≥ 120s。 施工采用整体分层连续浇筑或推移式连续浇筑方式，且宜从低处沿长边方向自一端向另一端进行。 混凝土宜采用二次振捣工艺。 采取留置变形缝、后浇带施工和跳仓法施工的措施可使超长大体积混凝土不出现有害裂缝。 大体积混凝土浇筑面应进行二次抹压处理。 养护时间 ≥ 14d

 提示 这部分内容要重点记忆，在选择题、案例分析题中都会考核。施工缝的留置位置如下图所示。

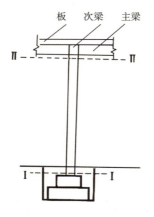

柱施工缝留置位置

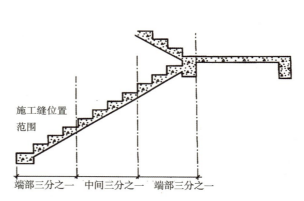

楼梯梯段施工缝位置

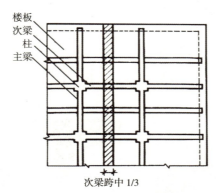

有主次梁的楼板施工缝留设位置

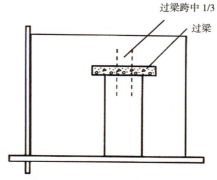

墙体施工缝留设位置

【考点2】砌体结构工程施工技术（☆☆☆☆☆）

1. 砌筑砂浆

（1）砂浆原材料要求 [14 单选]

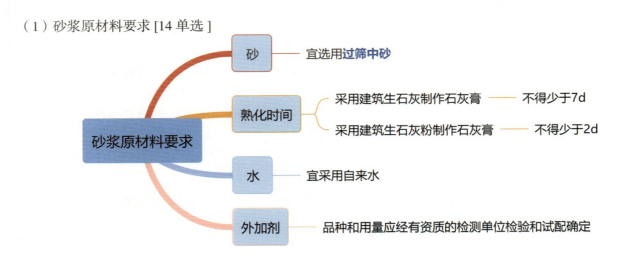

（2）砂浆的拌制及使用 [13 单选、14 案例]

2. 砖砌体施工

（1）砖砌体施工 [21 第一批单选]

> **提示**
> 砌筑烧结普通砖、烧结多孔砖、蒸压灰砂砖、蒸压粉煤灰砖砌体时，砖应提前1～2d适度湿润，严禁采用干砖或处于吸水饱和状态的砖砌筑。

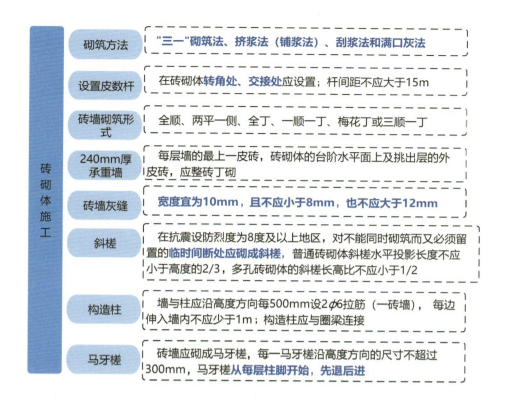

（2）不得设置脚手眼的墙体或部位 [22 一天考三科单选]

① 120mm 厚墙、清水墙、料石墙、独立柱和附墙柱。

② 过梁上与过梁成 60° 角的三角形范围及过梁净跨度 1/2 的高度范围内。

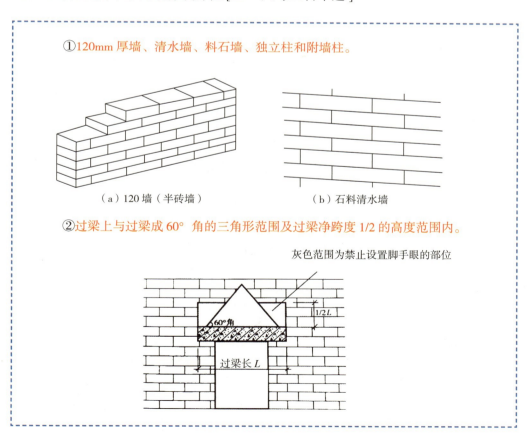

③宽度小于1m的窗间墙。
④门窗洞口两侧石砌体300mm，其他砌体200mm范围内；转角处石砌体600mm，其他砌体450mm范围内。

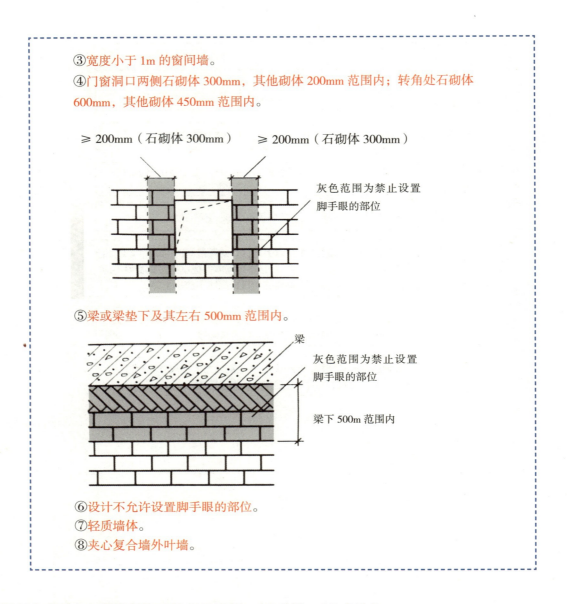

⑥设计不允许设置脚手眼的部位。
⑦轻质墙体。
⑧夹心复合墙外叶墙。

3. 混凝土小型空心砌块砌体工程 [15案例、16单选、18多选]

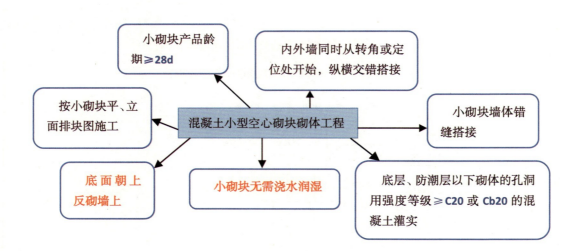

4．填充墙砌体工程

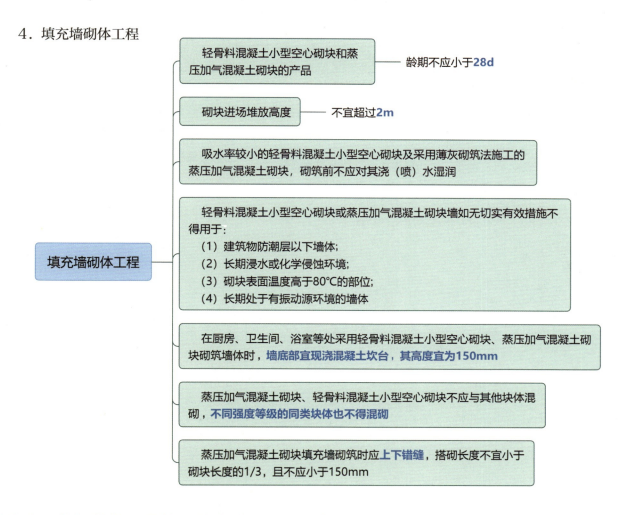

【考点3】钢结构工程施工技术（☆☆☆☆）

1．钢结构构件的连接

（1）焊接 [21 第一批单选]

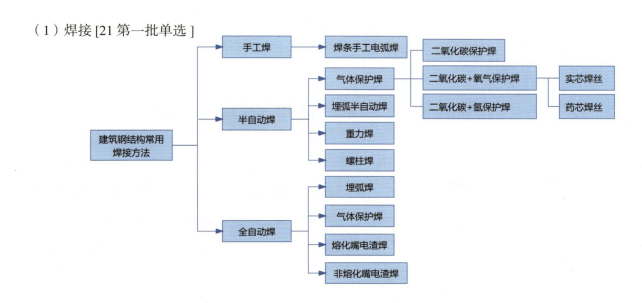

（2）螺栓连接 [17 单选、21 第一批、21 第一批案例、21 第二批多选]

项目	普通螺栓	高强螺栓
分类	常用的普通螺栓有六角螺栓、双头螺栓和地脚螺栓等	分为摩擦连接（最广泛）、张拉连接和承压连接等
制孔、扩孔要求	①对直径较大或长形孔也可采用气割制孔。 ②严禁气割扩孔。 ③铣孔、铰孔、镗孔和锪孔方法为二次制孔。 ④气割制孔加工直径在 80mm 以上的圆孔。 ⑤钻孔不能实现时可采用气割制孔。 ⑥长圆孔或异形孔采用先行钻孔再用气割制孔法	若螺栓不能自由穿入时，可采用铰刀或锉刀修整螺栓孔，修孔前应将四周螺栓全部拧紧，不得采用气割扩孔，扩孔数量应征得设计同意，修整后或扩孔后的孔径不应超过 1.2 倍螺栓直径
拆下是否可重复使用	是	否
紧固	应从中间开始，对称向两边进行，对大型接头应采用复拧	①同一接头中,高强度螺栓连接副的初拧、复拧、终拧应在 24h 内完成。 ②连接副初拧、复拧和终拧的顺序：从接头刚度较大的部位向约束较小的部位、从螺栓群中央向四周进行。 ③先螺栓紧固后焊接的施工顺序。 ④螺栓球节点网架总拼完成后，高强度螺栓与球节点应紧固连接，螺栓拧入螺栓球内的螺纹长度不应小于 1.1d（d 为螺栓直径），连接处不应出现有间隙、松动等未拧紧情况。 ⑤当天安装的螺栓应在当天终拧完毕，外露丝扣应为 2~3 扣。 ⑥高强度螺栓和焊接并用的连接节点，当设计无规定时，宜按先螺栓紧固后焊接的施工顺序

2. 钢结构涂装 [14 单选、16 单选、20 单选]

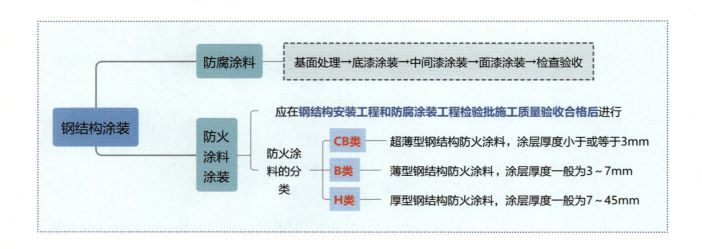

【考点4】钢筋混凝土装配式工程施工技术（☆☆☆☆☆）

1．构件进场 [20多选、22一天考三科单选、22两天考三科案例]

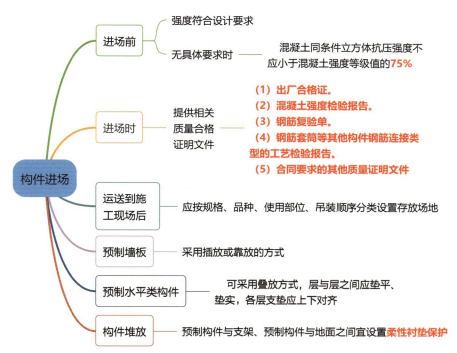

2．构件安装与连接

（1）构件吊装 [22两天考三科单选]

> ①宜采用标准吊具均衡起吊就位。
> ②应根据预制构件形状、尺寸及重量和作业半径等要求选择适宜的吊具和起重设备；在吊装过程中，吊索与构件的水平夹角不宜小于60°，不应小于45°。
> ③采用慢起、快升、缓放的操作方式。

（2）构件安装 [20案例、21第一批单选、22两天考三科案例]

项目		内容
预制柱安装	流程	基层处理→测量放线→预制柱起吊→下层竖向钢筋对孔→预制柱就位→安装临时支撑→预制柱位置、标高调整→临时支撑固定→摘钩→堵缝、灌浆
	顺序	应按吊装方案进行，如方案未明确要求宜按照角柱、边柱、中柱顺序进行安装，与现浇结构连接的柱先行吊装
预制剪力墙墙板安装	流程	基层处理→测量放线→预制墙板起吊→下层竖向钢筋对孔→预制墙板就位→安装临时支撑→预制墙板校正→临时支撑固定→摘钩→堵缝、灌浆
	顺序	与现浇连接的墙板宜先行吊装，其他墙板先外后内吊装
	其他规定	墙板以轴线和轮廓线为控制线，外墙应以轴线和外轮廓线双控制。安装就位后应设置可调斜撑作临时固定，测量预制墙板的水平位置、倾斜度、高度等，通过墙底垫片、临时斜支撑进行调整

续表

项目		内容
预制梁或叠合梁安装	流程	测量放线→支撑架体搭设→支撑架体调节→预制梁或叠合梁起吊→预制梁或叠合梁落位→位置、标高确认→摘钩
	顺序	应遵循先主梁后次梁，先低后高的原则
预制叠合板安装	流程	测量放线→支撑架体搭设→支撑架体调节→叠合板起吊→叠合板落位→位置、标高确认→摘钩
预制楼梯安装	流程	测量放线→钢筋调直→垫片找平→预制楼梯起吊→钢筋对孔校正→位置、标高确认→摘钩→灌浆
	顺序	楼梯与梁板采用预埋件焊接连接或预留孔连接时：应先施工梁板，后放置楼梯段。采用预留钢筋连接时：应先放置楼梯段，后施工梁板
预制阳台板、空调板安装	流程	测量放线→临时支撑搭设→预制阳台板、空调板起吊→预制阳台板、空调板落位→位置、标高确认→摘钩

（3）构件连接 [19 单选、21 第一批多选]

预制构件间钢筋连接	宜采用套筒灌浆连接、浆锚搭接连接以及直螺纹套筒连接等形式
钢筋套筒灌浆连接	①灌浆前应制定钢筋套筒灌浆操作的专项质量保证措施。 ②灌浆操作全过程应由监理人员旁站。 ③浆料应在制备后 30min 内用完，灌浆作业应采取压浆法从下口灌注，当浆料从上口流出时应及时封堵，持压 30s 后再封堵下口，灌浆后 24h 内不得使构件与灌浆层受到振动、碰撞。 ④灌浆施工时环境温度不应低于 5℃；当连接部位温度低于 10℃时，应对连接处采取加热保温措施

（4）混凝土节点施工

项目	内容
后浇混凝土节点钢筋施工	①主要有"一"形、"L"形、"T"形几种形式。 ②可在预制板上标记出封闭箍筋位置，预先把箍筋交叉就位放置；先对预留竖向连接钢筋位置进行校正，然后再连接上部竖向钢筋
后浇混凝土节点模板施工	预制墙板间后浇节点宜采用工具式定型模板，并应符合下列规定：模板应通过螺栓或预留孔洞拉结的方式与预制构件可靠连接，夹心墙板的外叶板应采用螺栓拉结等加强固定，墙板接缝部分及与定型模板接缝处均应采用可靠的密封、防漏浆措施

（5）混凝土施工

混凝土施工
- 叠合层混凝土施工
  1. 叠合层混凝土浇筑前应清除叠合面上的杂物、浮浆及松散骨料，浇筑前应洒水润湿，洒水后不得留有积水
  2. 浇筑时宜采取由中间向两边的方式
  3. 叠合层与现浇构件交接处混凝土应振捣密实
  4. 叠合层混凝土浇筑时应采取可靠的保护措施；不应移动预埋件的位置，且不得污染预埋件连接部位
  5. 分段施工应符合设计及施工方案要求
- 预制构件接缝混凝土浇筑：预制构件接缝混凝土浇筑完成后可采取洒水、覆膜、喷涂养护剂等养护方式，养护时间不应少于 14d

2A312040 防水与保温工程施工技术

【考点1】地下防水工程施工技术（☆☆☆☆）

1. 防水混凝土施工 [16、20 单选]

防水混凝土配制	（1）防水混凝土抗渗等级不得小于P6，试配混凝土的抗渗等级应比设计要求提高0.2MPa。 （2）水泥品种宜采用硅酸盐水泥、普通硅酸盐水泥。 （3）宜选用坚固耐久、粒形良好的洁净石子，其最大粒径不宜大于40mm。 （4）砂宜选用坚硬、抗风化性强、洁净的中粗砂，不宜使用海砂
防水混凝土拌制	防水混凝土拌合物应采用机械搅拌，搅拌时间不宜小于2min
防水混凝土浇筑	（1）应分层连续浇筑，分层厚度不得大于500mm。 （2）应采用机械振捣，避免漏振、欠振和超振。 （3）宜少留施工缝。 （4）地下室外墙穿墙管必须采取止水措施，单独埋设的管道可采用套管式穿墙防水。 （5）当管道集中多管时，可采用穿墙群管的防水方法
施工缝规定	（1）墙体水平施工缝不应留在剪力最大处或底板与侧墙的交接处，应留在高出底板表面不小于300mm的墙体上。 （2）拱（板）墙结合的水平施工缝，宜留在拱（板）墙接缝线以下150～300mm处（如右图所示）。 （3）墙体有预留孔洞时，施工缝距孔洞边缘不应小于300mm。 （4）垂直施工缝应避开地下水和裂隙水较多的地段，并宜与变形缝相结合
大体积防水混凝土	（1）宜选用水化热低和凝结时间长的水泥。 （2）宜掺入减水剂、缓凝剂等外加剂和粉煤灰、磨细矿渣粉等掺合料。 （3）在设计许可的情况下，掺粉煤灰混凝土设计强度等级龄期宜为60d或90d。 （4）炎热季节施工时，入模温度不宜大于30℃；冬期施工时，入模温度不应低于5℃。 （5）混凝土内部预埋管道，宜进行水冷散热。 （6）大体积防水混凝土应采取保温保湿养护。 （7）混凝土中心温度与表面温度的差值不应大于25℃。 （8）表面温度与大气温度的差值不应大于20℃。 （9）养护时间不得少于14d

墙体水平施工缝留设位置

2. 水泥砂浆防水层施工 [20 单选]

水泥砂浆防水层施工：
(1) 用于地下工程主体结构的迎水面或背水面。
(2) 不应用于受持续振动或温度高于80℃的地下工程防水。
(3) 宜采用多层抹压法施工。
(4) 留设施工缝时，应采用阶梯坡形槎，但离阴阳角处的距离不得小于200mm。
(5) 不得在雨天、五级及以上大风中施工。
(6) 终凝后，应及时进行养护。
(7) 养护温度不宜低于5℃，并应保持砂浆表面湿润。
(8) 养护时间不得少于14d。
(9) 聚合物水泥防水砂浆未达到硬化状态时，不得浇水养护或直接受雨水冲刷，硬化后应采用干湿交替的养护方法。
(10) 潮湿环境中，可在自然条件下养护

3. 卷材防水层施工 [17 多选、22 一天考三科单选]

适用范围	宜用于经常处于地下水环境，且受侵蚀介质作用或受振动作用的地下工程
施工环境	（1）严禁在雨天、雪天、五级及以上大风中施工。 （2）冷粘法、自粘法施工的环境气温不宜低于5℃。 （3）热熔法、焊接法施工的环境气温不宜低于–10℃。 （4）施工过程中下雨或下雪时，应做好已铺卷材的防护工作
基础要求	（1）卷材防水层应铺设在混凝土结构的迎水面上。 （2）用于建筑地下室时，应铺设在结构底板垫层至墙体防水设防高度的结构基面上。 （3）用于单建式的地下工程时，应从结构底板垫层铺设至顶板基面，并应在外围形成封闭的防水层。 （4）阴阳角处应做成圆弧或45°坡角，其尺寸应根据卷材品种确定，并应涂刷基层处理剂；当基面潮湿时，应涂刷湿固化型胶粘剂或潮湿界面隔离剂
铺设宽度	如设计无要求时，阴阳角等特殊部位铺设的卷材加强层宽度不应小于500mm
施工方法	（1）结构底板垫层混凝土部位的卷材可采用空铺法或点粘法施工。 （2）侧墙采用外防外贴法的卷材及顶板部位的卷材应采用满粘法施工。 （3）铺贴立面卷材防水层时，应采取防止卷材下滑的措施。 （4）铺贴双层卷材时，上下两层和相邻两幅卷材的接缝应错开1/3 ~ 1/2幅宽，且两层卷材不得相互垂直铺贴
外防外贴法铺贴卷材防水层规定	（1）先铺平面，后铺立面，交接处应交叉搭接。 （2）临时性保护墙宜采用石灰砂浆砌筑，内表面宜做找平层。 （3）从底面折向立面的卷材与永久性保护墙的接触部位，应采用空铺法施工；卷材与临时性保护墙或围护结构模板的接触部位，应将卷材临时贴附在该墙上或模板上，并应将顶端临时固定。当不设保护墙时，从底面折向立面的卷材接槎部位应采取可靠保护措施。 （4）混凝土结构完成，铺贴立面卷材时，应先将接槎部位的各层卷材揭开，并将其表面清理干净，如卷材有损坏应及时修补；卷材接槎的搭接长度，高聚物改性沥青类卷材应为150mm，合成高分子类卷材应为100mm；当使用两层卷材时，卷材应错槎接缝，上层卷材应盖过下层卷材

	续表
外防内贴法铺贴卷材防水层	（1）混凝土结构的保护墙内表面应抹厚度为20mm的1:3水泥砂浆找平层，然后铺贴卷材。 （2）卷材宜先铺立面，后铺平面；铺贴立面时，应先铺转角，后铺大面 （简记：先里面后平面，先转角后大面）
卷材防水层完工要求	（1）经检查合格后，应及时做保护层，防水层与保护层之间宜设隔离层。 （2）顶板卷材防水层上的细石混凝土保护层上部采用人工回填土时厚度不宜小于50mm，采用机械碾压回填土时厚度不宜小于70mm。 （3）底板卷材防水层上细石混凝土保护层厚度不应小于50mm。 （4）侧墙卷材防水层宜采用软质保护材料或铺抹20mm厚1:2.5水泥砂浆层

 外防外贴法与外防内贴法施工示意图如下图所示。

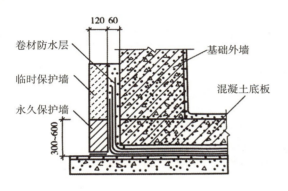

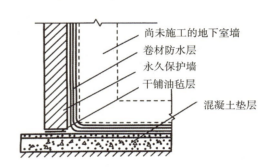

外防外贴法施工示意图　　　　　　外防内贴法施工示意图

4．涂料防水层施工

(1) 无机防水涂料**宜用于结构主体的背水面**。
(2) 有机防水涂料**宜用于地下工程主体结构的迎水面，用于背水面的有机防水涂料应具有较高的抗渗性，且与基层有较好的粘结性**。
(3) 涂料防水层**严禁在雨天、雾天、五级及以上大风时施工**。
(4) 有机防水涂料基层表面应基本干燥，不应有气孔、凹凸不平、蜂窝麻面等缺陷。
(5) **涂料施工前，基层阴阳角应做成圆弧形，阴角直径宜大于50mm，阳角直径宜大于10mm**，在底板转角部位应增加胎体增强材料，并应增涂防水涂料。
(6) 应分层刷涂或喷涂，涂层应均匀，不得漏刷漏涂。
(7) **涂刷应待前遍涂层干燥成膜后进行。**
(8) 每遍涂刷时应交替改变涂层的涂刷方向，同层涂膜的先后搭压宽度宜为30～50mm。
(9) 甩槎处接缝宽度不应小于100mm，接涂前应将甩槎表面处理干净。
(10) **采用有机防水涂料时，基层阴阳角处应做成圆弧。**
(11) 在转角处、变形缝、施工缝、穿墙管等部位应增加胎体增强材料和增涂防水涂料，宽度不应小于500mm

【考点2】室内防水工程施工技术（☆☆☆）

> 助记口诀：复述情节，细部防试。

1. 施工流程 [15 单选]

防水材料进场复试 → 技术交底 → 清理基层 → 结合层 → 细部附加层 → 防水层 → 试水试验

2. 防水混凝土施工 [16 多选]

防水混凝土施工：
- 当拌合物出现离析现象时，必须进行二次搅拌后使用
- 当坍落度损失后不能满足施工要求时，应**加入原水胶比的水泥浆或二次掺加减水剂进行搅拌，严禁直接加水**
- 应采用高频机械**分层振捣密实**，振捣时间宜为**10~30s**
- 连续浇筑，少留施工缝
- **终凝后**应立即进行养护，养护时间**不得少于14d**

3. 防水水泥砂浆施工

防水水泥砂浆施工：
- 防水砂浆应采用抹压法施工，分遍成活
- 施工环境温度**不应低于5℃**
- **终凝后**应及时进行养护，养护温度**不宜低于5℃**，养护时间**不应小于14d**
- 未达到硬化状态时，不得浇水养护或直接受水冲刷
- **潮湿环境**中可在**自然条件下养护**

4. 涂膜防水层施工

涂膜防水层施工：
- 基层应平整牢固，表面不得出现孔洞、蜂窝麻面、缝隙等缺陷
- 施工环境温度：水乳型涂料宜为**5~35℃**
- 涂料施工时应先对阴阳角、预埋件、穿墙（楼板）管等部位进行加强或密封处理
- 多遍成活，后一遍涂料施工应待前一遍涂层实干后再进行
- 铺贴胎体增强材料时应充分浸透防水涂料，不得露胎及褶皱

5．卷材防水层施工

【考点3】屋面防水工程施工技术（☆☆☆☆）

1．屋面防水等级和设防要求 [21第一批、22一天考三科单选]

防水等级	建筑类别	设防要求
Ⅰ级	重要建筑和高层建筑	两道防水设防
Ⅱ级	一般建筑	一道防水设防

2．屋面防水基本要求 [18多选]

（1）屋面防水应<u>以防为主，以排为辅</u>。
混凝土结构层宜采用结构找坡，坡度不应小于3%；采用材料找坡时，宜采用质量轻、吸水率低和有一定强度的材料；坡度宜为2%；檐沟、天沟纵向找坡不应小于1%。找坡应按屋面排水方向和设计坡度要求进行，找坡层最薄处厚度不宜小于20mm。
（2）水泥<u>终凝</u>前完成收水后应<u>二次压光</u>，并应及时取出分格条。养护时间<u>不得少于7d</u>。
（3）涂膜防水层的胎体增强材料宜采用聚酯无纺布或化纤无纺布；胎体增强材料长边搭接宽度不应小于50mm，短边搭接宽度不应小于70mm；上下层胎体增强材料的长边搭接缝应错开，且不得小于幅宽的1/3；<u>上下层胎体增强材料不得相互垂直铺设</u>（如下图所示）。

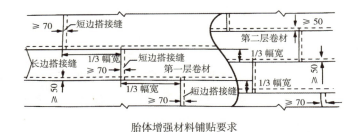

胎体增强材料铺贴要求

（4）倒置式屋面（如右图所示）应选用适应变形能力强、接缝密封保证率高的防水材料。

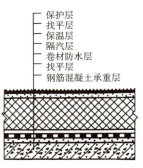

倒置式屋面做法

3. 卷材防水层屋面施工 [16 多选]

铺贴顺序和方向	（1）卷材防水层施工时，应先进行细部构造处理，然后由屋面最低标高向上铺贴。 （2）檐沟、天沟卷材施工时，宜顺檐沟、天沟方向铺贴，搭接缝应顺流水方向。 （3）卷材宜平行屋脊铺贴，上下层卷材不得相互垂直铺贴
立面或大坡面铺贴卷材时	应采用满粘法，并宜减少卷材短边搭接
卷材搭接缝	（1）平行屋脊的搭接缝应顺流水方向。 （2）同一层相邻两幅卷材短边搭接缝错开不应小于 500mm。 （3）上下层卷材长边搭接缝应错开，且不应小于幅宽的 1/3。 （4）叠层铺贴的各层卷材，在天沟与屋面的交接处，应采用叉接法搭接，搭接缝应错开；搭接缝宜留在屋面与天沟侧面，不宜留在沟底
合成高分子卷材搭接部位	低温施工时，宜采用热风加热。 搭接缝口用密封材料封严
热粘法铺贴卷材	（1）熔化热熔型改性沥青胶结料时，宜采用专用导热油炉加热，加热温度不应高于 200℃，使用温度不宜低于 180℃。 （2）粘贴卷材的热熔型改性沥青胶结料厚度宜为 1.0～1.5mm。 （3）采用热熔型改性沥青胶结料铺贴卷材时，应随刮随滚铺，并应展平压实
厚度小于 3mm 的高聚物改性沥青防水卷材	严禁采用热熔法施工
机械固定法铺贴卷材	（1）固定件间距应根据抗风揭试验和当地的使用环境与条件确定，并不宜大于 600mm。 （2）卷材防水层周边 800mm 范围内应满粘，卷材收头应采用金属压条钉压固定和密封处理

 注意铺贴顺序和方向，可能会考核案例分析题。

4. 涂膜防水层屋面施工

（1）防水涂料应多遍均匀涂布。
（2）涂膜间夹铺胎体增强材料时，宜边涂布边铺胎体；胎体应铺贴平整，应排除气泡，并应与涂料粘结牢固。在胎体上涂布涂料时，应使涂料浸透胎体，并应覆盖完全，不得有胎体外露现象。最上面的涂膜厚度不应小于 1.0mm。
（3）涂膜施工应先做好细部处理，再进行大面积涂布。
（4）涂膜防水层施工工艺选择见下表：

水乳型及溶剂型防水涂料	宜选用滚涂或喷涂施工
反应固化型防水涂料	宜选用刮涂或喷涂施工

续表

热熔型防水涂料	宜选用刮涂施工
聚合物水泥防水涂料	宜选用刮涂法施工
所有防水涂料用于细部构造时	宜选用刮（刷）涂或喷涂施工

5．保护层和隔离层施工

（1）在水泥砂浆结合层上铺设块体时，应先在防水层上做隔离层，块体间应预留 10mm 的缝隙，缝内应用 1∶2 水泥砂浆勾缝（如右图所示）。
（2）水泥砂浆及细石混凝土保护层铺设前，应在防水层上做隔离层。
（3）细石混凝土铺设不宜留施工缝。

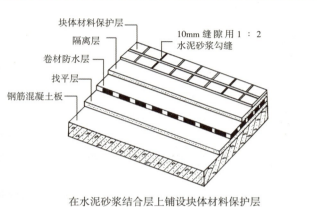

在水泥砂浆结合层上铺设块体材料保护层

6．檐口、檐沟、天沟、水落口等细部的施工

（1）卷材防水屋面檐口 800mm 范围内的卷材应满粘。
（2）檐口下端应做鹰嘴和滴水槽（如右图所示）。

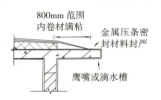

檐口施工示意图

（3）檐沟和天沟的防水层下应增设附加层，附加层伸入屋面的宽度不应小于 250mm；檐沟防水层和附加层应由沟底翻上至外侧顶部，卷材收头应用金属压条钉压，并应用密封材料封严，涂膜收头应用防水涂料多遍涂刷。女儿墙泛水处的防水层下应增设附加层，附加层在平面和立面的宽度均不应小于 250mm（如下图所示）。

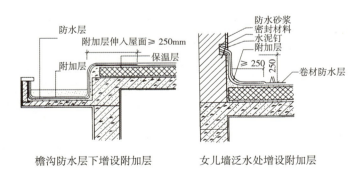

檐沟防水层下增设附加层　　女儿墙泛水处增设附加层

（4）水落口周围直径500mm范围内坡度不应小于5%，防水层下应增设涂膜附加层；防水层和附加层伸入水落口杯内不应小于50mm，并应粘结牢固（如图所示）。

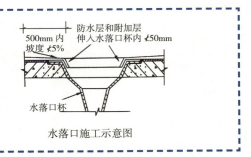

水落口施工示意图

【考点4】保温工程施工技术（☆☆☆）

1．外墙外保温工程施工技术

（1）EPS板薄抹灰系统 [20 单选、21 第二批案例]

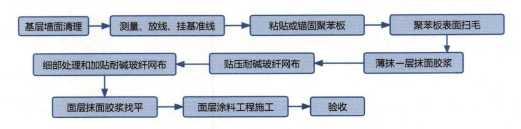

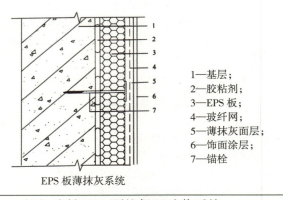

1—基层；
2—胶粘剂；
3—EPS板；
4—玻纤网；
5—薄抹灰面层；
6—饰面涂层；
7—锚栓

EPS板薄抹灰系统

①拌好的胶粘剂静置10min后需二次搅拌才能使用。
②锚固件至少在胶粘剂使用24h后进行固定。
③将网布绷紧后贴于底层抹面砂浆上，用抹子由<u>中间向四周</u>把网布压入砂浆表层，平整压实，严禁网布皱褶

（2）胶粉EPS颗粒保温砂浆系统

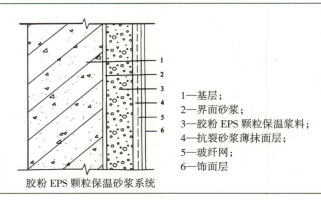

1—基层；
2—界面砂浆；
3—胶粉EPS颗粒保温浆料；
4—抗裂砂浆薄抹面层；
5—玻纤网；
6—饰面层

胶粉EPS颗粒保温砂浆系统

①胶粉EPS颗粒保温浆料保温层的厚度不宜超过100mm。
②保温浆料宜分遍施抹，灰饼宜采用小块聚苯板粘贴而成，每遍间隔时间应在24h以上，厚度不宜超过20mm，最后一遍应找平。
③浆料<u>随搅随用</u>，可适当调整用水量满足浆料稠度要求，避免高温或高温时段进行抗裂防护层施工。
④首层必须铺贴双层耐碱玻纤网布且在大角处应安装金属护角

（3）EPS板无网现浇系统

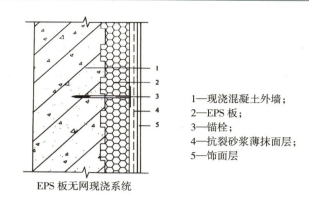

1—现浇混凝土外墙；
2—EPS板；
3—锚栓；
4—抗裂砂浆薄抹面层；
5—饰面层

EPS板无网现浇系统

①在浇筑前，聚苯板的两面均应用界面砂浆处理。
②浇筑时应控制混凝土的坍落度、下料高度、下料位置以及振捣棒的插点位置；混凝土的一次浇筑高度不宜大于1m，避免振捣棒接触聚苯板，同时也要防止振捣不密实和漏振，防止出现聚苯板与墙体接触不好的情况

2．屋面保温 [22一天考三科单选]

进场的保温材料应检验项目	（1）板状保温材料：表观密度或干密度、压缩强度或抗压强度、导热系数、燃烧性能。 （2）纤维保温材料应检验表观密度、导热系数、燃烧性能
保温层的施工环境温度规定	（1）干铺的保温材料可在负温度下施工。 （2）用水泥砂浆粘贴的板状保温材料不宜低于5℃。 （3）喷涂硬泡聚氨酯宜为15～35℃，空气相对湿度宜小于85%，风速不宜大于三级。 （4）现浇泡沫混凝土宜为5～35℃

2A312050 装饰装修工程施工技术

【考点1】吊顶工程施工技术（☆☆☆☆）

1．吊顶工程施工技术要求 [13单选]

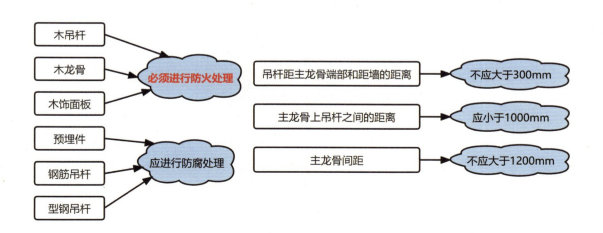

2. 施工方法 [13 单选、16 单选、22 一天考三科多选、22 两天考三科单选]

吊杆安装		（1）不上人的吊顶，吊杆可以采用 $\phi 6$ 钢筋等吊杆；上人的吊顶，吊杆可以采用 $\phi 8$ 钢筋等吊杆。 （2）吊杆应通直，并有足够的承载能力。 （3）吊顶灯具、风口及检修口等应设附加吊杆。重型灯具、电扇及其他重型设备严禁安装在吊顶工程的龙骨上，必须增设附加吊杆
龙骨安装	边龙骨	用膨胀螺栓等固定
	主龙骨	（1）主龙骨应吊挂在吊杆上。 （2）对大面积的吊顶，在主龙骨上每隔12m加一道横卧主龙骨，并垂直主龙骨连接牢固。采用焊接方式时，焊点应做防腐处理
	次龙骨	应紧贴主龙骨安装。固定板材的次龙骨间距不得大于600mm，潮湿地区和场所，间距宜为300～400mm。用沉头自攻钉安装饰面板时，接缝处次龙骨宽度不得小于40mm
	横撑龙骨	用挂插件固定在通长次龙骨上。横撑龙骨间距可为300～600mm
饰面板安装	整体面层	（1）面板的安装固定应先从板的中间开始，然后向板的两端和周边延伸，不应多点同时施工。 （2）面板应在自由状态下用自攻枪及高强自攻螺钉与次龙骨、横撑龙骨固定。 （3）自攻螺钉间距和自攻螺钉与板边距离应符合下列规定：纸面石膏板四周自攻螺钉间距不应大于200mm；板中沿次龙骨或横撑龙骨方向自攻螺钉间距不应大于300mm；螺钉距板面纸包封的板边宜为10～15mm；螺钉距板面切割的板边应为15～20mm。 （4）面板的安装不应采用电钻等工具先打孔后安装螺钉的施工方法。当选用穿孔纸面石膏板作为面板，可先打孔作为定位，但打孔直径不应大于安装螺钉直径的一半
	板块面层	（1）面板应置放于T形龙骨上并应防止污物污染板面。 （2）吸声板上不宜放置其他材料
	格栅	（1）当面板安装边为互相咬接的企口或彼此钩搭连接时，应按顺序从一侧开始安装。 （2）外挂耳式面板的龙骨应设置于板缝处，面板通过自攻螺钉从板缝处将挂耳与龙骨固定完成面板的安装。面板的龙骨应调平，板缝应根据需要选择密封胶嵌缝。 （3）条形格栅面板应在地面上安装加长连接件，面板宜从一侧开始安装。应按保护膜上所示安装方向安装

 吊顶安装示意图如下图所示。

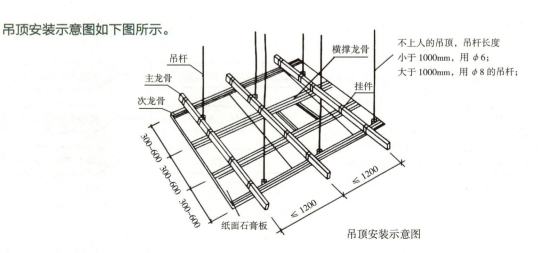

吊顶安装示意图

3. 吊顶工程应对下列隐蔽工程项目进行验收

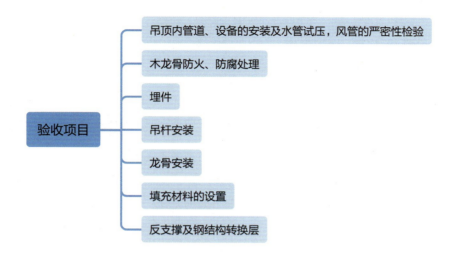

【考点2】轻质隔墙工程施工技术（☆☆☆☆）

1. 轻质隔墙的特点与分类 [16 多选]

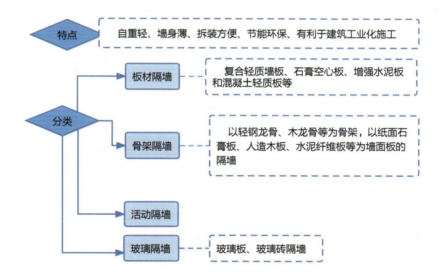

板材隔墙　　　　　骨架隔墙　　　　　活动隔墙　　　　　玻璃隔墙

2. 轻质隔墙工程施工要点

板材隔墙	（1）在抗震设防地区，条板隔墙安装长度超过 6m，应设计构造柱并采取加固、防裂处理措施。 （2）在条板隔墙上横向开槽、开洞敷设电气暗线、暗管、开关盒时，选用隔墙厚度不宜小于 90mm。开槽应在隔墙安装 7d 后进行，开槽长度不得大于条板宽度的 1/2。严禁在隔墙两侧同一部位开槽、开洞，其间距应错开 150mm 以上。单层条板隔墙内不宜设计暗埋配电箱、控制柜，不宜横向暗埋水管。 （3）普通石膏条板隔墙及其他防水性能较差的条板隔墙不宜用于潮湿环境及有防潮、防水要求的环境。 （4）隔墙板材安装应位置正确，板材不应有裂缝或缺损
骨架隔墙	（1）隔墙高度 3m 以下安装一道贯通龙骨，超过 3m 时，每隔 1.2m 设置一根通贯龙骨。 （2）石膏板应竖向铺设，长边接缝应落在竖向龙骨上。双层石膏板安装时两层板的接缝不应在同一根龙骨上。 （3）轻质隔墙与顶棚和其他墙体的交接处应采取防开裂措施
活动隔墙	（1）当采用悬吊导向式固定时，隔扇荷载主要由天轨承载。天轨安装时，应将天轨平行放置于楼板或顶棚下方，然后固定牢固。 （2）当采用支承导向式固定时，隔扇荷载主要由地轨承载。地轨安装时应位置正确，并预留门及转角位置。同时，在楼板或顶棚下方安装导向轨
玻璃隔墙	（1）连接件在安装前应进行防腐处理。 （2）玻璃全部就位后，校正平整度、垂直度，同时用聚苯乙烯泡沫条嵌入槽口内，使玻璃与金属槽接缝平伏、紧密，然后注硅酮结构胶

3. 轻质隔墙工程施工工艺流程 [21 第二批单选]

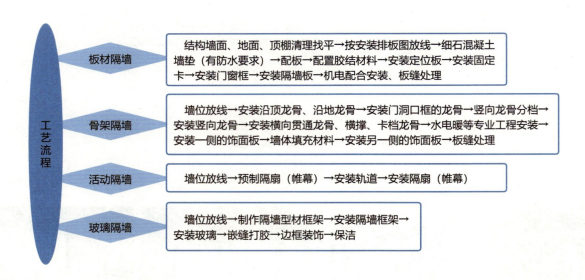

提示 区分工艺流程，在案例分析题中也会考核。

4．进行隐蔽工程验收的项目

（1）骨架隔墙中设备管线的安装及水管试压。
（2）木龙骨防火和防腐处理。
（3）预埋件或拉结筋。
（4）龙骨安装。
（5）填充材料的设置。

【考点3】地面工程施工技术（☆☆☆）

1．地面工程施工技术要求

（1）进场材料应有质量合格证明文件，应对其型号、规格、外观等进行验收，重要材料或产品应抽样复验。

（2）温度控制要求

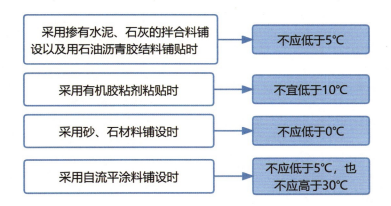

2．施工方法

（1）厚度控制

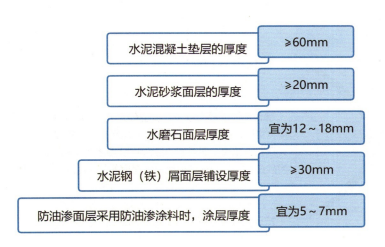

（2）变形缝设置

①室内地面的水泥混凝土垫层，应设置纵向缩缝和横向缩缝；纵向缩缝间距不得大于6m，横向缩缝不得大于6m。
②工业厂房、礼堂、门厅等大面积水泥混凝土垫层应分区段浇筑。
③水泥混凝土散水、明沟应设置伸缩缝，其延长米间距不得大于10m，对日晒强烈且昼夜温差超过15℃的地区，其延长米间距宜为4～6m；水泥混凝土散水、明沟和台阶等与建筑物连接处及房屋转角处应设缝处理。上述缝的宽度为15～20mm，缝内应填嵌柔性密封材料（如下图所示）。

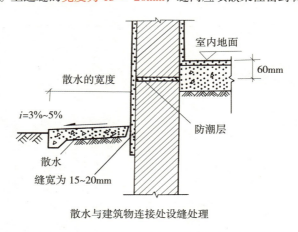

散水与建筑物连接处设缝处理

 会考核案例分析题。

（3）防水处理 [22一天考三科单选]

①厕浴间和有防水要求的建筑地面必须设置防水隔离层。楼层结构必须采用现浇混凝土或整块预制混凝土板，混凝土强度等级不应小于C20；楼板四周除门洞外应做混凝土翻边，高度不应小于200mm，宽同墙厚，混凝土强度等级不应小于C20。施工时结构层标高和预留孔洞位置应准确，严禁乱凿洞。
②防水隔离层严禁渗漏，坡向应正确、排水通畅。

（4）成品保护 [17多选]

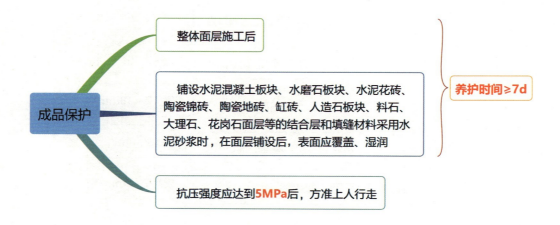

【考点4】饰面板（砖）工程施工技术（☆☆☆）

项目	施工技术	隐蔽验收项目
饰面板安装工程	（1）采用湿作业法施工的石板安装工程，石板应进行防碱封闭处理。 （2）外墙金属板的防雷装置应与主体结构防雷装置可靠接通。 （3）墙、柱面石材安装施工方法包括干挂法、干粘法和湿贴法，干挂法主要有短槽式、背槽式和背栓式。 （4）高度大于6m的墙、柱面不宜采用湿贴法，湿贴法的石材厚度宜为12～20mm，单块面积不宜大于0.2m^2。	（1）预埋件（或后置埋件）。 （2）龙骨安装。 （3）连接节点。 （4）防水、保温、防火节点。 （5）外墙金属板防雷连接节点
饰面砖安装工程	（1）墙、柱面砖粘贴前应进行挑选，并应浸水2h以上（需要时），晾干表面水分。 （2）粘贴前应进行放线定位和排砖，非整砖应排放在次要部位或阴角处。每面墙不宜有两列（行）以上非整砖，非整砖宽度不宜小于整砖的1/3。 （3）阴角砖应压向正确，阳角线宜做成45°角对接。在墙、柱面突出物处，应整砖套割吻合，不得用非整砖拼凑粘贴。 （4）结合层砂浆宜采用1：2水泥砂浆，砂浆厚度宜为6～10mm。水泥砂浆应满铺在墙面砖背面，一面墙、柱不宜一次粘贴到顶，以防塌落	（1）基层和基体。 （2）防水层

 会考核案例分析题。

【考点5】门窗工程施工技术（☆☆☆）

1．木门窗安装

> 工艺流程：定位放线→安装门、窗框→安装门、窗扇→安装门、窗玻璃→安装门、窗配件→框与墙体之间的缝隙、框与扇之间填嵌、密封→清理→保护成品。
> 每边固定点不得少于两处，其间距不得大于1.2m。

2．金属门窗 [14、20 单选]

连接方式	适用范围
连接件焊接连接	钢结构
预埋件连接	钢筋混凝土结构
燕尾铁脚连接	砖墙结构
金属膨胀螺栓固定	钢筋混凝土结构、砖墙结构
射钉固定	钢筋混凝土结构

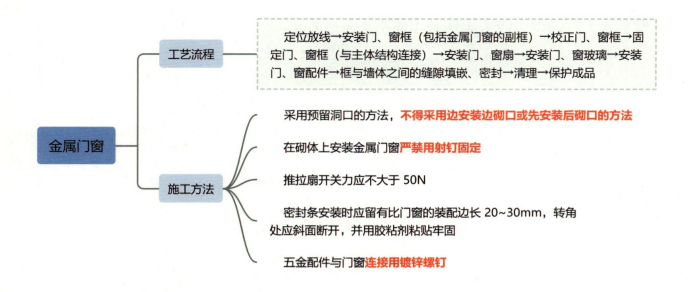

3. 塑料门窗

（1）塑料门窗应采用预留洞口的方法安装，不得边安装边砌口或先安装后砌口施工。

（2）当门窗框装入洞口时，其上下框中线应与洞口中线对齐并临时固定，然后再按图纸确定门窗框在洞口墙体厚度方向的安装位置。

（3）当门窗与墙体固定时，应先固定上框，后固定边框。固定方法如下：

位置	固定方法
混凝土墙洞口	采用射钉或膨胀螺钉固定
砖墙洞口或空心砖洞口	应用膨胀螺钉固定，不得固定在砖缝处
轻质砌块或加气混凝土洞口	在预埋混凝土块上用射钉或膨胀螺钉固定
设有预埋铁件的洞口	应采用焊接的方法固定，也可先在预埋件上按紧固件规格打基孔，然后用紧固件固定
窗下框与墙体	采用固定片固定

（4）安装门窗五金配件时，应将螺钉固定在内衬增强型钢或局部加强钢板上，或使螺钉至少穿过塑料型材的两层壁厚，紧固件应采用自钻自攻螺钉一次钻入固定，不得采用预先打孔的固定方法。

4. 门窗玻璃安装

（1）施工工艺：清理门窗框→量尺寸→下料→裁割→安装。
（2）单块玻璃大于 $1.5m^2$ 时应使用安全玻璃。玻璃表面应洁净，不得有腻子、密封胶、涂料等污渍，中空玻璃内外表面均应洁净，玻璃中空层内不得有灰尘和水蒸气。
（3）门窗玻璃不应直接接触型材。

【考点6】涂料涂饰、裱糊、软包与细部工程施工技术（☆☆☆☆）

1．涂饰、裱糊、软包工程的施工技术要求和方法

工程	技术要求和方法
涂饰工程	涂饰工程应在抹灰、吊顶、细部、地面及电气工程等已完成并验收合格后进行。 旧墙面在涂饰涂料前应清除疏松的旧装修层，并涂刷界面剂
裱糊工程	新建筑物的混凝土或抹灰基层墙面在刮腻子前应涂刷抗碱封闭底漆。 墙、柱面裱糊常用的方法有搭接法裱糊、拼接法裱糊。顶棚裱糊一般采用推贴法裱糊。 裱糊时，阳角处应无接缝，应包角压实，阴角处应断开，并应顺光搭接
软包工程	根据构造做法，分为带内衬软包和不带内衬软包两种。 按制作安装方法不同，分为预制板组装和现场组装

2．细部工程的施工技术要求和方法 [22 一天考三科单选]

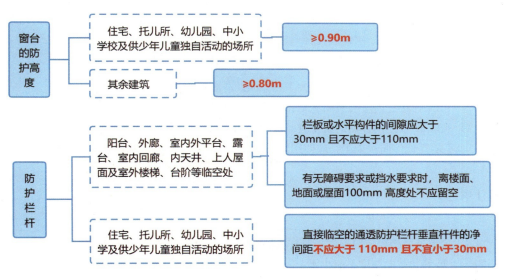

【考点7】建筑幕墙工程施工技术（☆☆☆）

1．建筑幕墙的预埋件制作与安装 [14 单选]

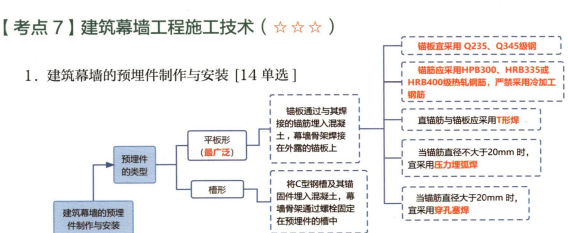

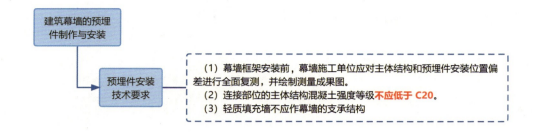

2. 框支承玻璃幕墙制作安装

项目		安装要点
框支承玻璃幕墙的安装		（1）立柱应先与角码连接，角码再与主体结构连接。 （2）横梁与立柱之间的连接紧固件应按照设计要求采用不锈钢螺栓、螺钉等连接
玻璃面板安装	明框玻璃	（1）构件框槽底部应设两块橡胶块，放置宽度与槽宽相同、长度不小于100mm，玻璃四周嵌入量及空隙应符合要求，左右空隙宜一致。 （2）橡胶条的长度宜比框内槽口长1.5%～2.0%，斜面断开，断口应留在四角
	半隐框、隐框玻璃	（1）固定玻璃面板的压块或勾块，其规格和间距应符合设计要求，固定点的间距不宜大于300mm，并不得采用自攻螺丝固定玻璃面板。 （2）应在每块玻璃面板底端设置两个铝合金或不锈钢托条
	密封胶嵌缝	（1）密封胶的施工厚度应大于3.5mm，一般控制在4.5mm以内。 （2）在接缝内应两对面粘结，不应三面粘结。 （3）严禁使用过期的密封胶；硅酮结构密封胶不宜作为硅酮耐候密封胶使用，两者不能互代。同一个工程应使用同一品牌的硅酮结构密封胶和硅酮耐候密封胶

3. 全玻幕墙 [19 单选]

项目	安装要点
全玻幕墙安装的一般技术要求	（1）全玻幕墙面板玻璃厚度：单片玻璃不宜小于10mm；夹层玻璃单片厚度不应小于8mm；玻璃肋截面厚度不应小于12mm，截面高度不应小于100mm。 （2）宜采用机械吸盘安装。 （3）允许在现场打注硅酮结构密封胶。 （4）全玻幕墙面板安装的胶缝，一般可以采用酸性密封胶。当全玻幕墙面板采用镀膜玻璃、夹层玻璃以及中空玻璃时，不得采用酸性密封胶。 （5）全玻幕墙的板面不得与其他刚性材料直接接触
吊挂式全玻幕墙安装的技术要求	（1）当全玻幕墙高度超过4m（玻璃厚度10mm、12mm），5m（玻璃厚度15mm），6m（玻璃厚度19mm）时，全玻幕墙应悬挂在主体结构上。 （2）吊挂式全玻幕墙的吊夹与主体结构之间应设置刚性水平传力结构。吊夹安装应通顺平直。每块玻璃的吊夹应位于同一平面，吊夹的受力应均匀。 （3）吊挂玻璃下端与下槽底应留空隙，以满足玻璃伸长变形要求。玻璃与下槽底应采用弹性垫块支承或填塞。槽壁与玻璃之间应用硅酮耐候密封胶密封

4．点支承玻璃幕墙

5．石材幕墙工程安装

石材幕墙的框架安装	（1）石材幕墙的框架最常用的是钢管或钢型材框架，较少采用铝合金型材。 （2）幕墙横梁应通过角码、螺钉或螺栓与立柱连接。螺钉直径不得小于4mm，每处连接螺钉不应少于3个，如用螺栓不应少于2个。横梁与立柱之间应有一定的相对位移能力
石材幕墙的面板安装	（1）石材幕墙面板与骨架常用的连接方式有短槽式、背栓式、背挂式等方式。 （2）短槽支撑石板的不锈钢挂件的厚度不应小于3.0mm，铝合金挂件的厚度不应小于4.0mm。 （3）石材幕墙面板宜采用便于各板块独立安装和拆卸的支承固定系统。近年使用较多的短槽式T型挂件，不宜作为石材幕墙的支承固定系统。 （4）石材幕墙板面嵌缝应采用中性硅酮耐候密封胶

6．建筑幕墙防火构造要求

防火构造要求

(1) 防火层应采用厚度不小于1.5mm的镀锌钢板承托。
(2) 承托板与主体结构、幕墙结构及承托板之间的缝隙应采用防火密封胶密封。
(3) 无窗槛墙的幕墙，应在每层楼板的外沿设置耐火极限不低于1.0h、高度不低于0.8m的不燃烧实体裙墙或防火玻璃墙。
(4) 同一幕墙玻璃单元不应跨越两个防火分区

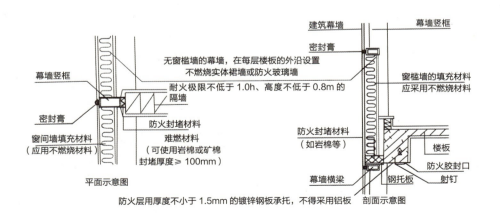

7. 建筑幕墙的防雷构造要求 [18 多选]

（1）幕墙的金属框架应**与主体结构的防雷体系可靠连接**，连接部位清除非导电保护层。

（2）幕墙的铝合金立柱，在不大于10m范围内宜有一根立柱采用**柔性导线**，把**每个上柱与下柱的连接处连通。**

（3）主体结构有水平均压环的楼层，对应导电通路的立柱预埋件或固定件**应用圆钢或扁钢与均压环焊接连通**，形成防雷通路。避雷接地**一般每三层与均压环连接。**

（4）兼有防雷功能的幕墙压顶板宜采用厚度不小于3mm 的铝合金板制造，**与主体结构屋顶的防雷系统应有效连通。**

（5）在有镀膜层的构件上进行防雷连接，应除去其镀膜层。

（6）防雷连接的钢构件在完成后都应进行防锈油漆处理

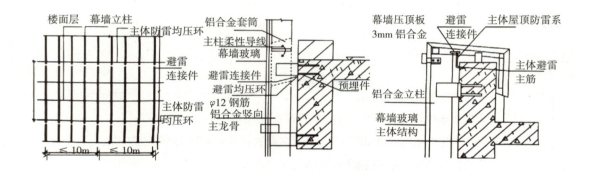

2A312060 建筑工程季节性施工技术

【考点1】冬期施工技术（☆☆☆）

1. 冬期施工期限划分原则 [19 单选]

当室外日平均气温连续 5d 稳定低于 5℃ 即进入冬期施工，当室外日平均气温连续 5d 高于 5℃ 即解除冬期施工。

2. 建筑地基基础工程

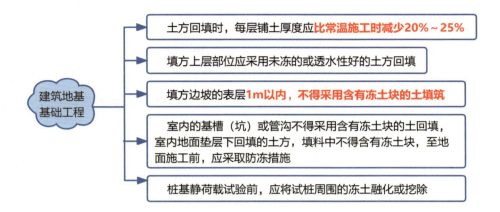

3. 砌体工程 [22 两天考三科多选]

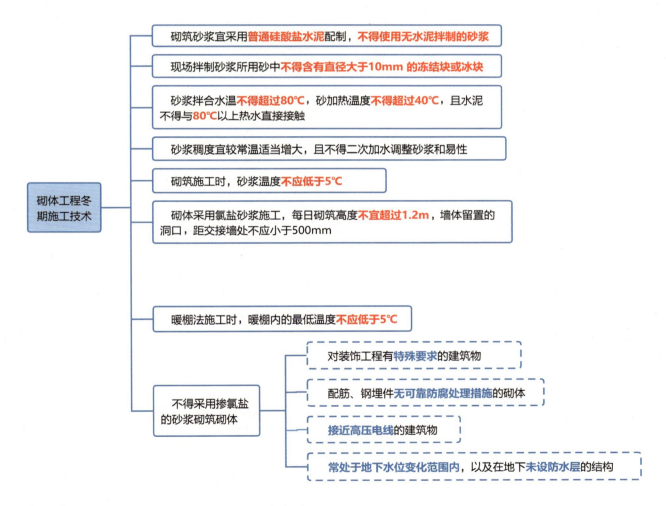

提示：注意温度控制要求。

4．钢筋工程

> （1）钢筋调直冷拉温度不宜低于 –20℃。
> （2）当环境温度低于 –20℃时，不宜进行施焊，且不得对 HRB400、HRB500 钢筋进行冷弯加工。
> （3）雪天或施焊现场风速超过三级风焊接时，应采取遮蔽措施。
> （4）钢筋负温电弧焊宜采取分层控温施焊。
> （5）电渣压力焊焊接前，应进行现场负温条件下的焊接工艺试验，经检验满足要求后方可正式作业。

5．混凝土工程 [21第一批、22两天考三科单选]

（1）冬期施工配制混凝土宜选用硅酸盐水泥或普通硅酸盐水泥。采用蒸汽养护时，宜选用矿渣硅酸盐水泥。

（2）冬期施工混凝土搅拌前，原材料宜加热拌合水。拌合水及骨料最高加热温度如下：

水泥强度等级	拌合水	骨料
42.5 以下	80	60
42.5、42.5R 及以上	60	40

（3）混凝土拌合物的出机温度不宜低于10℃，入模温度不应低于5℃。

（4）冬期施工期间的测温项目与频次如下：

测温项目	频次
室外气温	测量最高、最低温度
环境温度	每昼夜不少于4次
搅拌机棚温度	每一工作班不少于4次
水、水泥、矿物掺合料、砂、石及外加剂溶液温度	每一工作班不少于4次
混凝土出机、浇筑、入模温度	每一工作班不少于4次

（5）混凝土养护期间的温度测量应符合下列规定：

采用蓄热法或综合蓄热法时	达到受冻临界强度之前应每隔4~6h测量一次
采用负温养护法时	达到受冻临界强度之前应每隔2h测量一次
采用加热法时	升温和降温阶段应每隔1h测量一次，恒温阶段每隔2h测量一次
混凝土在达到受冻临界强度后	可停止测温

（6）冬施浇筑的混凝土，其临界强度应符合下列规定：

条件		临界强度
采用蓄热、暖棚法、加热法施工的普通混凝土	采用硅酸盐水泥、普通硅酸盐水泥配制	≥设计混凝土强度等级值的30%
	采用矿渣硅酸盐水泥、粉煤灰硅酸盐水泥、火山灰质硅酸盐水泥、复合硅酸盐水泥	≥设计混凝土强度等级值的40%

续表

条件		临界强度
采用综合蓄热法、负温养护法施工的混凝土	室外最低气温不低于 –15℃时	≥ 4.0MPa
采用负温养护法施工的混凝土	室外最低气温不低于 –30℃时	≥ 5.0MPa
对强度等级等于或高于C50的混凝土		≥设计混凝土强度等级值的 30%
对有抗渗要求的混凝土		≥设计混凝土强度等级值的 50%

 这部分内容中涉及的数据较多，应注意区分。

6．钢结构工程

钢结构工程冬期施工技术：
- 宜采用Q345钢、Q390钢、Q420钢
- 普通碳素结构钢工作地点温度低于–16℃、低合金结构钢工作地点温度低于 –12℃时不得进行冷矫正和冷弯曲
- 温度低于 –30℃时，不宜进行现场火焰切割作业
- 施焊镇静钢板的厚度不大于30mm 时，环境空气温度不应低于 –15℃；当厚度超过 30mm 时，温度不应低于0℃
- 当施焊沸腾钢板时，环境空气温度应高于5℃
- 栓钉施焊环境温度低于0℃时，打弯试验的数量应增加1%

7．防水工程

（1）水泥砂浆防水层施工气温不应低于5℃，养护温度不宜低于5℃，并应保持砂浆表面湿润，养护时间不得少于 14d。

（2）单层卷材防水严禁在雪天和 5 级及以上大风天气时施工。

（3）防水工程冬期施工环境气温要求如下：

防水材料	施工环境温度
现喷硬泡聚氨酯	不低于 15℃
高聚物改性沥青防水卷材	热熔性不低于 –10℃
合成高分子防水卷材	冷粘法不低于 5℃；焊接法不低于 –10℃
高聚物改性沥青防水涂料	溶剂型不低于 5℃；热熔型不低于 –10℃
合成高分子防水涂料	溶剂型不低于 –5℃
改性石油沥青密封材料	不低于 0℃
合成高分子密封材料	溶剂型不低于 0℃

8. 保温工程 [14 案例]

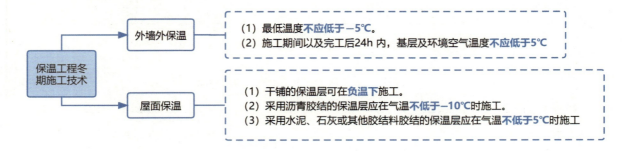

【考点2】雨期施工技术（☆☆☆☆）

1. 建筑地基基础工程

（1）基坑坡顶做 1.5m 宽散水、挡水墙，四周做混凝土路面。
（2）土方开挖施工中，基坑内临时道路上铺渣土或级配砂石，保证雨后通行不陷。
（3）土方回填应避免在雨天进行。
（4）锚杆施工时，如遇地下水造成孔壁坍塌，可采用注浆护壁工艺成孔。
（5）CFG 桩施工，槽底预留的保护土层厚度不小于 0.5m。

2. 钢筋工程 [20 多选]

（1）雨天施焊应采取遮蔽措施，焊接后未冷却的接头应避免遇雨急速降温。
（2）雨后要检查基础底板后浇带，对于后浇带内的积水必须及时清理干净，避免钢筋锈蚀。
（3）钢筋机械必须设置在平整、坚实的场地上，设置机棚和排水沟，焊机必须接地，焊工必须穿戴防护衣具，以保证操作人员安全。

3. 混凝土工程 [14、16 多选]

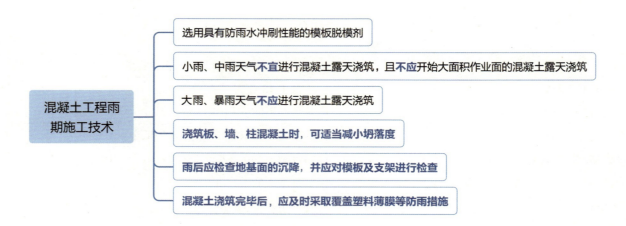

4．钢结构工程 [21第一批多选]

【考点3】高温天气施工技术（☆☆☆☆）

1．混凝土工程 [17、20、21第二批单选]

（1）当日平均气温达到30℃及以上时，应按高温施工要求采取措施。
（2）原材料最高入机温度符合下列规定：

原材料	入机温度	原材料	入机温度
水泥	60℃	水	25℃
骨料	30℃	粉煤灰等掺合料	60℃

（3）混凝土拌合物出机温度不宜大于30℃。必要时，可采取掺加干冰等附加控温措施。
（4）混凝土宜采用白色涂装的混凝土搅拌运输车运输；对混凝土输送管应进行遮阳覆盖，并应洒水降温。
（5）混凝土浇筑入模温度不应高于35℃。
（6）混凝土浇筑宜在早间或晚间进行，且宜连续浇筑。
（7）混凝土浇筑完成后，应及时进行保湿养护。侧模拆除前宜采用带模湿润养护。

2．防水工程 [22两天考三科单选]

（1）防水材料贮运应避免日晒，并远离火源，仓库内应有消防设施。贮存环境最高温度限制符合下列规定：

防水材料	贮存环境最高气温	贮存要求
高聚物改性沥青防水卷材	45℃	—
自粘型卷材	35℃	叠放层数不应超过5层

续表

防水材料	贮存环境最高气温	贮存要求
油毡瓦	35℃	—
溶剂型涂料	40℃	—
水乳型涂料	60℃	—
密封材料	50℃	分类贮放

（2）大体积防水混凝土入模温度不应大于30℃。

（3）防水材料施工环境最高气温符合下列规定：

防水材料	施工环境最高气温	防水材料	施工环境最高气温
现喷硬泡聚氨酯	30℃	油毡瓦	35℃
溶剂型涂料	35℃	改性石油沥青密封材料	35℃
水乳型涂料	35℃	水泥砂浆防水层	30℃

2A320000 建筑工程项目施工管理

2A320010 建筑工程施工招标投标管理

【考点1】施工招标投标管理要求（☆☆☆）

1. 建筑工程招标的主要管理要求 [14 单选、17 多选]

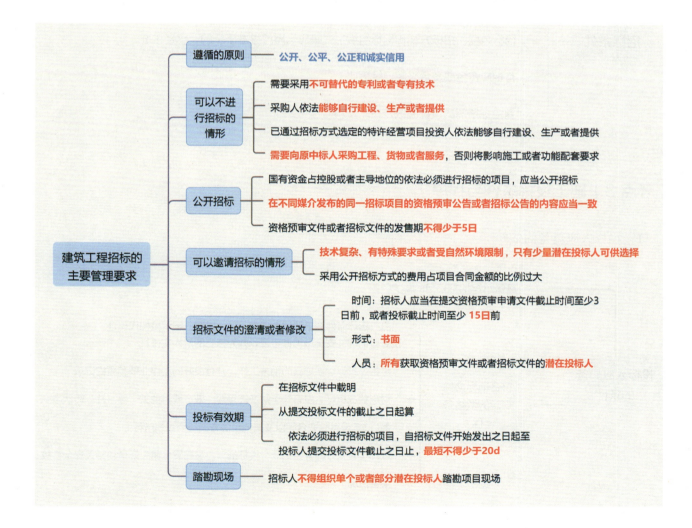

2. 建筑工程投标的主要管理要求

项目	管理要求
重新招标	投标人少于3个的
投标文件的拒收	在招标文件要求提交投标文件的截止时间后送达的投标文件
撤回已提交投标文件的	应当在投标截止时间前书面通知招标人
招标人已收取投标保证金的	应当自收到投标人书面撤回通知之日起5d内退还。投标截止后投标人撤销投标文件的，招标人可以不退还投标保证金

【考点2】施工招标条件与程序（☆☆☆）

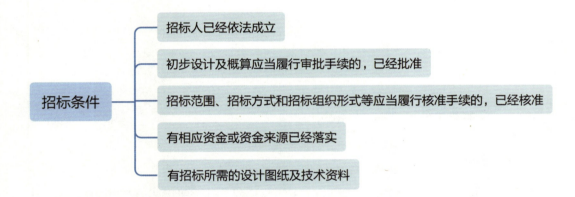

【考点3】施工投标条件与程序

1. 投标人应具备的条件

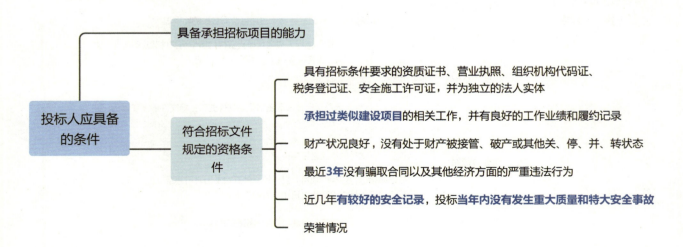

2．共同投标的联合体的基本条件 [22 两天考三科单选]

> （1）两个以上法人或者其他组织可以组成一个联合体，以一个投标人的身份共同投标。
> （2）联合体各方均应当具备承担招标项目的相应能力。
> （3）由同一专业的单位组成的联合体，按照资质等级较低的单位确定资质等级。
> （4）联合体各方应当签订共同投标协议，明确约定各方拟承担的工作和责任。
> （5）联合体中标的，联合体各方应当共同与招标人签订合同，就中标项目向招标人承担连带责任。

3．投标报价 [20 案例]

> （1）投标人在投标报价中填写的工程量清单的项目编码、项目名称、项目特征、计量单位、工程数量必须与招标人招标文件中提供的一致。
> （2）综合单价中要考虑招标人规定的风险内容、范围和风险费用。
> （3）措施项目费由投标人自主确定，投标人的安全防护、文明施工措施费的报价，不得低于依据工程所在地工程造价主管部门公布计价标准所计算得出总费用的 90%。

2A320020 建设工程施工合同管理

【考点1】施工合同的组成与内容（☆☆☆）[13 案例]

> （1）中标通知书→（2）投标函及其附录→（3）专用合同条款及其附件→（4）通用合同条款→（5）技术标准和要求→（6）图纸→（7）已标价工程量清单或预算书→（8）其他合同文件。

关于最优先解释权的考核主要有三种形式：
（1）给出某一合同文件，让考生判断解释权优于哪些合同文件。
（2）给出文字组合选项让考生分析判断哪一组或哪几组顺序正确。
（3）给出几类文件进行编码，对组成的编码进行选择。

【考点2】施工合同的签订与履行（☆☆☆☆）[20、22 两天考三科案例]

在签约之前，需要做好以下工作：
（1）保持待签合同与招标文件、投标文件的一致性。
（2）尽量采用当地行政部门制定的通用合同示范文本，完整填写合同内容。
（3）审核合同的主体。

发包方	承包方
①主体资格。 ②履约能力	具备一定的资质

（4）谨慎填写合同细节条款，需要注意：

①违约条款。按照发包人、承包人的责任和义务确定违约金与赔偿金。明确约定具体数额和具体计算方法，要越具体越好，具有可操作性，以防止事后产生争议。

②质量保证金：不得超过工程价款结算总额的 3%，在工程项目竣工前已缴纳履约保证金的，建设单位不得同时预留工程质量保证金，并按规定退还保证金及银行同期存款利息。

【考点 3】总承包合同的应用（☆☆☆）[2016 案例]

> 《建筑法》第二十九条规定，建筑工程总承包单位可以将承包工程中的部分工程发包给具有相应资质条件的分包单位；但是，除总承包合同中约定的分包外，必须经建设单位认可。
> 总承包单位在履行总承包合同时，需要注意事项如下：
> （1）建立健全组织机构，对专业分包单位实行归口管理。
> （2）配置相关专业的管理人员，实行有效管理，禁止以包代管。

【考点 4】分包合同的应用（☆☆☆☆）

1. 建筑业企业资质

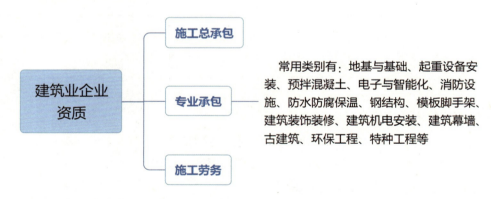

2. 工程承包人与专业分包人的工作

工程承包人的工作	专业分包人的工作
（1）向分包人提供根据总包合同由发包人办理的与分包工程相关的各种证件、批件、各种相关资料	（1）设计（分包合同有约定时）、施工、竣工和保修
（2）向分包人提供具备施工条件的施工场地	（2）向承包人提供年、季、月度工程进度计划及相应进度统计报表

续表

工程承包人的工作	专业分包人的工作
（3）组织分包人参加发包人组织的图纸会审，向分包人进行设计图纸交底	（3）向承包人提交一份详细施工组织设计
（4）提供设备和设施，并承担因此发生的费用	（4）按规定办理施工场地交通、施工噪声以及环境保护和安全文明生产等有关手续
（5）随时为分包人提供确保分包工程的施工所要求的施工场地和通道	（5）分包人应允许承包人、发包人、工程师及其三方中任何一方授权的人员在工作时间内，合理进入分包工程施工场地或材料存放的地点，以及施工场地以外与分包合同有关的分包人的任何工作或准备地点
（6）协调分包人与同一施工场地的其他分包人之间的交叉配合，确保分包人按照经批准的施工组织设计进行施工	（6）负责已完分包工程的成品保护工作

3．关于开工日期与工期的规定 [21 第一批案例]

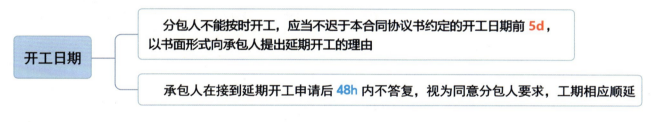

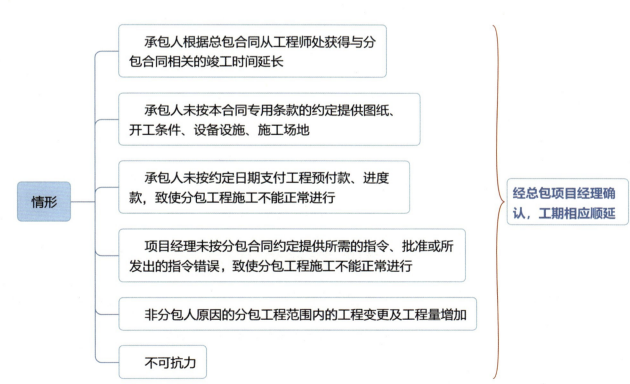

4．劳务分包合同示范文本 [21 第一批单选]

（1）工程承包人的主要义务

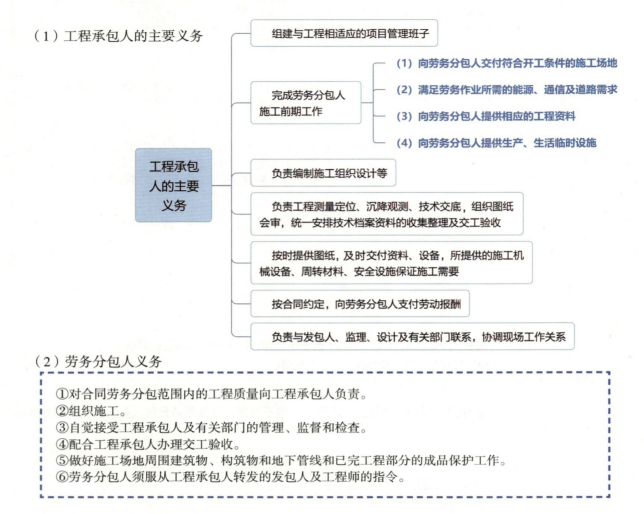

（2）劳务分包人义务

①对合同劳务分包范围内的工程质量向工程承包人负责。
②组织施工。
③自觉接受工程承包人及有关部门的管理、监督和检查。
④配合工程承包人办理交工验收。
⑤做好施工场地周围建筑物、构筑物和地下管线和已完工程部分的成品保护工作。
⑥劳务分包人须服从工程承包人转发的发包人及工程师的指令。

【考点5】施工合同的变更与索赔（☆☆☆☆☆）

1．合同变更

（1）变更的范围和内容

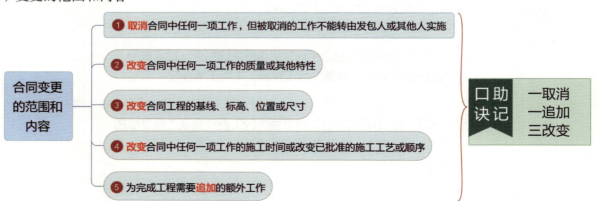

（2）变更权和变更程序 [21 第二批单选]

变更权	发包人和监理人均可以提出变更。 变更指示均通过监理人发出，监理人发出变更指示前应征得发包人同意
变更程序	发包人提出变更→监理人提出变更建议→变更执行

（3）变更估价 [17 案例]

变更的估价原则	（1）已标价工程量清单中有适用于变更工作的子目的，采用该子目的单价。 （2）已标价工程量清单中无适用于变更工作的子目，但有类似子目的，可在合理范围内参照类似子目的单价，由监理人按总监理工程师与合同当事人商定或确定变更工作的单价。 （3）已标价工程量清单中无适用或类似子目的单价，可按照成本加利润的原则，由监理人按总监理工程师与合同当事人商定或确定变更工作的单价	**口诀助记** 有适用——采用该单价。 无适用，有类似——参照类似单价。 无适用，无类似——成本加利润
变更估价程序	承包人应在收到变更指示后 14d 内，向监理人提交变更估价申请。监理人应在收到承包人提交的变更估价申请后 7d 内审查完毕并报送发包人，监理人对变更估价申请有异议，通知承包人修改后重新提交。发包人应在承包人提交变更估价申请后 14d 内审批完毕。发包人逾期未完成审批或未提出异议的，视为认可承包人提交的变更估价申请	

2. 索赔程序

3. 工期和费用索赔判定与计算 [13、15、17、18、21 一批案例]

（1）经常会提出的问题

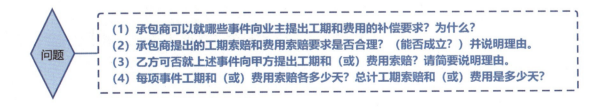

> **提示** 不管怎么提问，实际就是一个问题"承包商是否可以向业主提出工期和费用的索赔？并说明理由"。在分析时，除问题中明确指出综合考虑以上事件外，其余要单独考虑每一事件。

083

（2）工期索赔值的计算

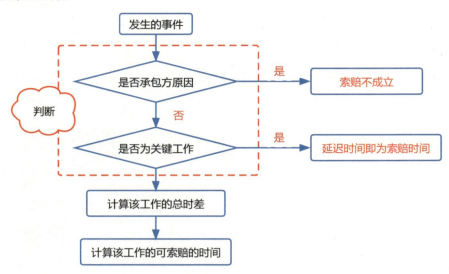

 工期索赔的计算方法包括网络分析法、比例分析法、其他方法。

（3）费用索赔涉及的费用及补偿标准

涉及费用	人工窝工费	机械窝工费	新增人工费	新增机械费	新增材料费
什么时候可索赔	可索赔事件造成人员停工	可索赔事件造成机械停工	新增工作需要人员	新增工作需要机械	新增工作需要材料
补偿标准	人工降效费（人工窝工费） 人工工日单价×降效系数	自有——台班折旧费（停滞台班费） 租赁——台班租赁费 按台班单价的一定比例（%）	人工费全费用	机械费全费用	材料费全费用

 费用索赔计算方法包括总费用法、分项法。

（4）计算费用索赔考虑计取的费用

事件	需考虑的费用				
	全部管理费	现场管理费	利润	规费	税金
配合用工	√	×	√	√	√
新增人材机费用	√	×	√	√	√
新增措施项目费用	√	×	√	√	√
人工窝工	×	√	×	√	√
机械窝工	×	√	×	√	√

4．不可抗力事件发生后的索赔 [19、20、21第一批、21第二批案例]

（1）不可抗力事件发生后如何划分责任

	发包人承担	承包人承担	说明
工程本身的损害、因工程损害导致第三方人员伤亡和财产损失以及运至施工场地用于施工的材料和待安装的设备的损害，由发包人承担	被冲坏的已施工的主体工程，工程本身的损失	—	—
	待安装设备的损失	—	—
	被冲走的施工材料损失	—	—
	监理单位人员受伤所需医疗费及补偿费	—	第三方的人员伤亡由发包人承担
	监理单位由于工程的设备损失	—	第三方的财产损失由发包人承担
发包人、承包人人员伤亡由其所在单位负责，并承担相应费用	—	受伤的施工人员治疗费用 总承包单位人员烧伤所需医疗费及补偿费	谁的人员谁承担，治疗和补偿费用都由承包人承担
	—	造成人员窝工损失	谁的人员谁承担
	—	机械和设备闲置损失 造成其他施工机械闲置损失	不管是自有机械，还是租赁的机械，其闲置的损失都由承包人承担
	被冲坏的业主施工现场办公用房	被冲坏的承包商施工现场办公用房	谁使用的谁承担
	被冲坏的业主提供的道路	被冲坏的承包商自行接引的道路	谁提供的谁承担，如果在背景资料中只说明"造成施工道路被损坏"，那么在判断由哪方承担时，需要回答"属于业主提供的道路，应由业主承担；属于承包商自行接引的道路，应由承包商承担"
	被冲坏的业主提供的管线	被冲坏的承包商自行接引的管线	谁提供的谁承担，这个如果也只说明"造成施工管线被损坏"，也要与上面一样回答
承包人的施工机械设备损坏及停工损失，由承包人承担	—	损坏的自有施工机械、设备	不管是自有机械，还是租赁的机械，其损失都由承包人承担
	—	租赁的施工设备损坏	
发包人要求赶工的，由此增加的赶工费用由发包人承担	为了按期完成工程，发包人要求承包人赶工，增加赶工费用	—	—

续表

	发包人承担	承包人承担	说明
停工期间，承包人应发包人要求留在施工场地的必要的管理人员及保卫人员的费用由发包人承担	工程照管发生费用 停工期间的安全保卫人员费用	—	—
工程所需清理、修复费用，由发包人承担	工程清理发生费用 工程修复作业发生的费用	—	不可抗力事件发生导致的费用，原则上由发包人和承包人各自分别承担，涉及工程本身的损害、清理、修复等损失由发包人承担
	直接投入抢险费用	—	—

（2）在考试中涉及的不可抗力事件

专用合同条款中约定：**6级以上大风、大雨、大雪、地震等自然灾害**按不可抗力因素处理。背景资料中可能会给我们约定，哪些属于不可抗力，这个时候，我们就好处理了。怎么约定就怎么判断。如果背景资料中没有给出约定，这个时候就需要我们来判断了

事件	说明
【事件1】在工程施工到第 × 天时，当地发生 6.5 级地震	这个事件也可以在合同中约定，发生几级以上地震为不可抗力事件，如果没有约定，我们就认为是不可抗力事件
【事件2】特大暴雨引发山洪暴发	山洪暴发、山体滑坡、泥石流，不能视为一个有经验的承包商预先能够合理估计的因素。 注意：特大暴雨是否认定为不可抗力呢？这要看背景资料中有没有约定，如果没有，就不能认定为不可抗力事件
【事件3】特大暴雨引发山体滑坡	
【事件4】特大暴雨引发泥石流	
【事件5】某工作开始后，遇到百年一遇的洪水影响，停工 × 个月，损失合计 × 万元	—
【事件6】由于施工现场出现特大龙卷风，造成施工材料和机械损失 × 万元	主要在"特大"这个词的限定
【事件7】非承包人原因造成的爆炸、火灾	如果是承包人造成的就不能按不可抗力事件处理，不可以索赔工期和费用
【事件8】在施工过程中，新型冠状病毒肺炎疫情发生，政府要求停工	是人们无法预见、不能避免并不能客服的客观异常情况，属于法定的不可抗力事件，2003年的非典也是合同法意义上的不可抗力事件

2A320030 单位工程施工组织设计

【考点1】施工组织设计的管理（☆☆☆☆☆）

1. 施工组织设计的编制原则 [22两天考三科案例]

> （1）符合施工合同或招标文件中有关工程进度、质量、安全、环境保护与节能、绿色施工、造价等方面的要求。
> （2）积极开发、使用新技术和新工艺，推广应用新材料和新设备。
> （3）坚持科学的施工程序和合理的施工顺序，采用流水施工和网络计划等方法，科学配置资源，合理布置现场，采取季节性施工措施，实现均衡施工，达到合理的经济技术指标。
> （4）采取技术和管理措施，推广建筑节能和绿色施工。
> （5）与质量、环境和职业健康安全三个管理体系有效结合。

2. 单位工程施工组织设计的基本内容 [17案例]

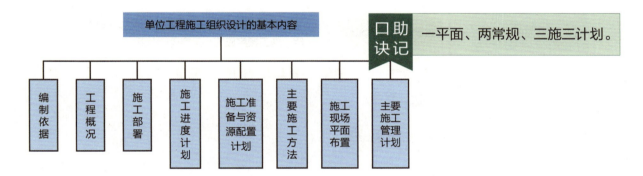

口诀助记：一平面、两常规、三施三计划。

3. 单位工程施工组织设计的管理 [13单选、13案例、14案例、15多选、16多选、22两天考三科案例]

编制与审批	项目负责人主持编制，项目经理部全体管理人员参加，施工单位主管部门审核，施工单位技术负责人或其授权的技术人员审批
交底	经施工单位技术负责人或其授权人审批后，应在工程开工前由施工单位项目负责人组织，对项目部全体管理人员及主要分包单位逐级进行交底并做好交底记录
过程检查与验收	（1）在实施过程中应进行检查。 （2）过程检查可按照工程施工阶段进行。通常划分为地基基础、主体结构、装饰装修和机电设备安装三个阶段。 （3）过程检查由企业技术负责人或主管部门负责人主持，企业相关部门、项目经理部相关部门参加，检查施工部署、施工方法等的落实和执行情况
发放与归档	审批后应加盖受控章，由项目资料员报送及发放并登记记录，报送监理单位及建设单位，发放企业主管部门、项目相关部门、主要分包单位。 工程竣工后，项目经理部按要求整理归档

续表

动态管理	下列情形应及时进行修改或补充： （1）工程设计有重大修改； （2）有关法律、法规、规范和标准实施、修订和废止； （3）主要施工方法有重大调整； （4）主要施工资源配置有重大调整； （5）施工环境有重大改变。 经修改或补充的施工组织设计应重新审批后才能实施

 施工组织总设计应由总承包单位技术负责人审批。

【考点2】施工部署（☆☆☆）[21第一批、21第二批案例]

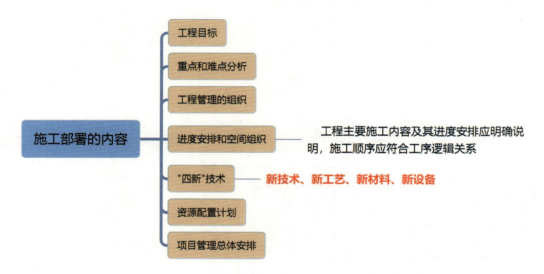

【考点3】施工顺序和施工方法的确定（☆☆☆）[21第一批单选]

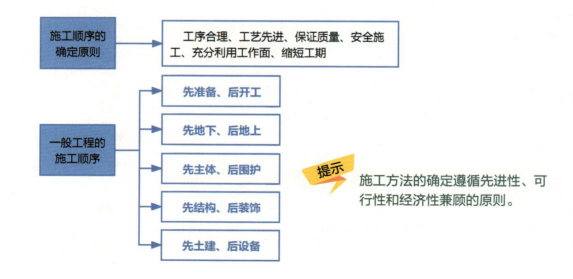

提示 施工方法的确定遵循先进性、可行性和经济性兼顾的原则。

【考点 4】施工平面布置图（☆☆☆）

> 施工现场施工平面布置图应包括以下基本内容：
> （1）工程施工场地状况；
> （2）拟建建（构）筑物的位置、轮廓尺寸、层数等；
> （3）工程施工现场的加工设施、存贮设施、办公和生活用房等的位置和面积；
> （4）布置在工程施工现场的垂直运输设施、供电设施、供水供热设施、排水排污设施和临时施工道路等；
> （5）施工现场必备的安全、消防、保卫和环境保护等设施；
> （6）相邻的地上、地下既有建（构）筑物及相关环境。

 这部分内容可能会与其他考点结合考核案例分析题。

【考点 5】材料、劳动力、施工机具计划（☆☆☆）

材料配置计划	包括各施工阶段所需主要工程材料、设备的种类和数量
劳动力配置计划	（1）划分各主要施工阶段，确定各施工阶段用工量。 （2）根据施工总进度计划确定各施工阶段劳动力配置计划
施工机具配置计划	包括各施工阶段所需主要周转材料、施工机具的种类和数量

【考点 6】绿色施工与新技术应用（☆☆☆☆）
[19 单选、21 第二批多选、22 两天考三科单选、22 两天考三科案例]

四节一环保		内容
四节	节能	体现在施工现场管理方面主要有：临时用电设施，机械设备，临时设施，材料运输与施工等
	节材	体现在施工现场管理方面主要有：材料选择、材料节约、资源再生利用等
	节水	体现在施工现场管理方面主要有：节约用水、水资源的利用等
	节地	体现在施工现场管理方面主要有：节约用地、保护用地等
一环保	资源保护	（1）应保护场地四周原有地下水形态，减少抽取地下水。 （2）危险品、化学品存放处及污物排放应采取隔离措施
	人员健康	（1）施工作业区和生活办公区应分开布置，生活设施应远离有毒有害物质。 （2）现场危险设备、地段、有毒物品存放地应配置醒目安全标志，施工应采取有效防毒、防污、防尘、防潮、通风等措施，应加强人员健康管理。 （3）厕所、卫生设施、排水沟及阴暗潮湿地带应定期消毒

续表

四节一环保		内容
一环保	扬尘控制	（1）现场应建立洒水清扫制度，配备洒水设备，并应有专人负责。 （2）对裸露地面、集中堆放的土方应采取抑尘措施。 （3）运送土方、渣土等易产生扬尘的车辆应采取封闭或遮盖措施。 （4）现场进出口应设冲洗池和吸湿垫，应保持进出现场车辆清洁。 （5）易飞扬和细颗粒建筑材料应封闭存放，余料应及时回收。 （6）易产生扬尘的施工作业应采取遮挡、抑尘等措施。 （7）拆除爆破作业应有降尘措施。 （8）高空垃圾清运应采用封闭式管道或垂直运输机械完成。 （9）现场使用散装水泥、预拌砂浆应有密闭防尘措施
	废气排放	（1）不应使用煤作为现场生活的燃料。 （2）不应在现场燃烧废弃物
	建筑垃圾处置	（1）建筑垃圾应分类收集、集中堆放。 （2）废电池、废墨盒等有毒有害的废弃物应封闭回收，不应混放。 （3）有毒有害废物分类率应达到100%。 （4）垃圾桶应分为可回收利用与不可回收利用两类，应定期清运。 （5）建筑垃圾回收利用率应达到30%。 （6）碎石和土石方类等应用作地基和路基回填材料
	污水排放	（1）现场道路和材料堆放场地周边应设排水沟。 （2）工程污水和试验室养护用水应经处理达标后排入市政污水管道。 （3）现场厕所应设置化粪池，化粪池应定期清理。 （4）工地厨房应设隔油池，应定期清理。 （5）雨水、污水应分流排放
	光污染	夜间焊接作业时，应采取挡光措施
	噪声控制	（1）应采用先进机械、低噪声设备进行施工，机械、设备应定期保养维护。 （2）产生噪声较大的机械设备，应尽量远离施工现场办公区、生活区和周边住宅区。 （3）混凝土输送泵、电锯房等应设有吸声降噪屏或其他降噪措施

2A320040 建筑工程施工现场管理

【考点1】现场消防管理（☆☆☆☆☆）

1. 施工现场消防安全工作的方针 [16 单选]

> 施工现场的消防安全工作应以"预防为主、防消结合"为方针，健全防火组织，认真落实防火安全责任制。

2. 施工现场动火等级的划分及审批程序 [13单选、16单选、17单选、18单选、19单选、20案例、21第一批单选、21第一批多选、21第二批单选]

划分	范围	审批程序
一级动火	（1）禁火区域内。 （2）油罐、油箱、油槽车和储存过可燃气体、易燃液体的容器及与其连接在一起的辅助设备。 （3）各种受压设备。 （4）危险性较大的登高焊、割作业。 （5）比较密封的室内、容器内、地下室等场所。 （6）现场堆有大量可燃和易燃物质的场所	由项目负责人组织编制防火安全技术方案，填写动火申请表，报企业安全管理部门审查批准后，方可动火
二级动火	（1）在具有一定危险因素的非禁火区域内进行临时焊、割等用火作业。 （2）小型油箱等容器。 （3）登高焊、割等用火作业	由项目责任工程师组织拟定防火安全技术措施，填写动火申请表，报项目安全管理部门和项目负责人审查批准后，方可动火
三级动火	在非固定的、无明显危险因素的场所进行用火作业	由所在班组填写动火申请表，经项目责任工程师和项目安全管理部门审查批准后，方可动火

该考点重复进行考核的概率极高，且考核形式较为相似，考生可结合真题进行复习。

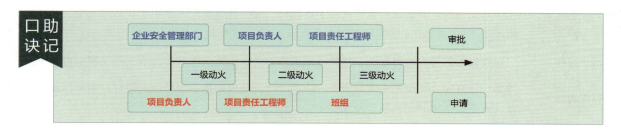

3. 施工现场消防器材的配备 [17案例]

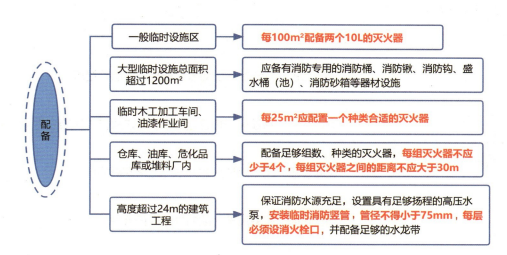

4. 施工现场灭火器的摆放 [20多选]

【考点2】现场文明施工管理（☆☆☆☆）[15、18、19 单选]

实施封闭管理	场地四周必须采用封闭围挡，围挡要坚固、稳定、整洁、美观，并沿场地四周连续设置。一般路段的围挡高度不得低于1.8m，市区主要路段的围挡高度不得低于2.5m
应设置"五牌一图"	工程概况牌、管理人员名单及监督电话牌、消防保卫牌、安全生产牌、文明施工和环境保护牌及施工现场总平面图
施工区域与办公、生活区划分	划分清晰，并应采取相应的隔离防护措施，在建工程内、伙房、库房不得兼作宿舍。宿舍必须设置可开启式外窗，床铺不得超过2层，通道宽度不得小于0.9m。宿舍室内净高不得小于2.5m，住宿人员人均面积不得小于2.5m²，且每间宿舍居住人员不得超过16人
污水处理	应设置畅通的排水沟渠系统，保持场地道路的干燥坚实，泥浆和污水未经处理不得直接排放
制度建立	现场应建立防火制度和火灾应急响应机制，落实防火措施，配备防火器材。明火作业应严格执行动火审批手续和动火监护制度
消防设施	高层建筑要设置专用的消防水源和消防立管，每层留设消防水源接口

【考点3】现场成品保护管理（☆☆☆）[22 两天考三科多选]

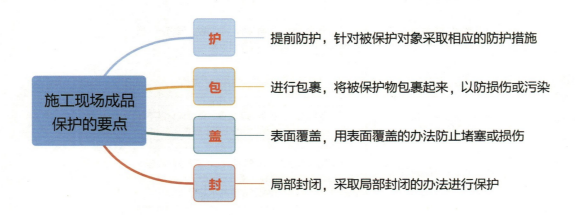

【考点4】现场环境保护管理（☆☆☆☆☆）
[13单选、14多选、18多选、19单选、20案例、21第一批案例、21第二批案例]

制度建立		必须建立环境保护、环境卫生管理和检查制度，并应做好检查记录
夜间施工		白天施工限值不超过75dB（桩基施工时不超过85dB），夜间施工限值不超过55dB。夜间施工的（一般指当日22时至次日6时，特殊地区可由当地政府部门另行规定），需办理夜间施工许可证明，并公告附近社区居民
污水排放	协议签署	与所在地县级以上人民政府市政管理部门
	许可证申领	申领《临时排水许可证》
雨水处理		排入市政雨水管网
污水处理		污水经沉淀处理后二次使用或排入市政污水管网。现场产生的泥浆、污水未经处理不得直接排入城市排水设施、河流、湖泊、池塘
有毒有害废弃物		应运送到专门的有毒有害废弃物中心消纳
主要道路		必须进行硬化处理，土方应集中堆放
建筑物内施工垃圾的清运		必须采用相应的容器或管道运输，严禁凌空抛掷
堆放的土方		裸露的场地和集中堆放的土方应采取覆盖、固化或绿化等措施
各类废弃物		现场内严禁焚烧各类废弃物，禁止将有毒有害废弃物用作土方回填

【考点5】职业健康安全管理（☆☆☆）[21第一批、21第二批单选]

施工现场易引发的职业病类型	矽肺、水泥尘肺、电焊尘肺、锰及其化合物中毒、氮氧化物中毒、一氧化碳中毒、苯中毒、甲苯中毒、二甲苯中毒、五氯酚中毒、中暑、手臂振动病、电光性皮炎、电光性眼炎、噪声聋、白血病等
施工现场卫生与防疫	（1）配备常用药品及绷带、止血带、颈托、担架等急救器材。 （2）发生法定传染病、食物中毒或急性职业中毒时，必须在2h内向所在地建设行政主管部门和有关部门报告，并应积极配合调查处理；同时法定传染病应及时进行隔离，由卫生防疫部门进行处置。 （3）施工现场应设专职或兼职保洁员，负责现场日常的卫生清扫和保洁工作。现场办公区和生活区应采取灭鼠、灭蚊、灭蝇等措施，并应定期投放和喷洒药物。 （4）食堂必须有卫生许可证，炊事人员必须持身体健康证上岗。 （5）施工现场生活区内应设置开水炉、电热水器或饮用水保温桶，施工区应配备流动保温水桶，水质应符合饮用水安全卫生要求。 （6）炊事人员上岗应穿戴洁净的工作服，工作帽和口罩，并应保持个人卫生。不得穿工作服出食堂，非炊事人员不得随意进入制作间

【考点6】临时用电、用水管理（☆☆☆☆☆）

1. 施工现场临时用电管理 [16多选、16案例、17单选、18单选、19多选、21第二批单选、22两天考三科多选]

项目	内容
编制施工组织设计情形	现场临时用电设备在 5 台及以上或设备总容量在 50kW 及以上者，否则应制定安全用电和电气防火措施
编制用电组织设计程序	（1）由电气工程技术人员组织编制，经相关部门审核及具有法人资格企业的技术负责人批准后实施。 （2）使用前必须经编制、审核、批准部门和使用单位共同验收，合格后方可投入使用
临时用电管理协议	工程总包单位与分包单位应订立临时用电管理协议，明确各方管理及使用责任
电工作业	（1）电工作业应持有效证件，电工等级应与工程的难易程度和技术复杂性相适应。 （2）电工作业由二人以上配合进行，并按规定穿绝缘鞋、戴绝缘手套、使用绝缘工具，严禁带电作业和带负荷插拔插头等
安全电压规定	（1）隧道、人防工程、高温、有导电灰尘、比较潮湿或灯具离地面高度低于 2.5m 等场所的照明　　电流电压不应大于 36V
	（2）潮湿和易触及带电体场所的照明　　电源电压不得大于 24V
	（3）特别潮湿场所、导电良好的地面、锅炉或金属容器内的照明　　电源电压不得大于 12V

2. 施工现场临时用水管理 [14单选、16单选、20案例、21第二批单选]

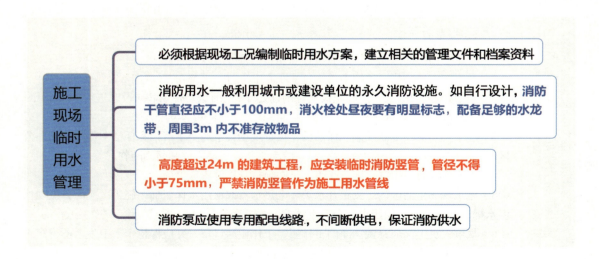

【考点7】安全警示牌布置原则（☆☆☆☆☆）

1. 施工现场安全警示牌的类型及基本形式 [13案例、14单选、16案例、19单选、21第二批单选]

类型	基本形式	图例
禁止标志	红色带斜杠的圆边框，图形是黑色，背景为白色	禁止堆放
警告标志	黑色正三角形边框，图形是黑色，背景为黄色	当心触电
指令标志	黑色圆形边框，图形是白色，背景为蓝色	必须配戴遮光护目镜
提示标志	矩形边框，图形文字是白色，背景是所提供的标志，为绿色；消防设施提示标志用红色	避险处

2. 施工现场安全警示牌的设置原则及使用要求 [15案例、16案例、22两天考三科单选]

设置原则	遵循"标准、安全、醒目、便利、协调、合理"的原则
使用要求	（1）现场出入口、施工起重机械、临时用电设施、脚手架、通道口、楼梯口、电梯井口、孔洞、基坑边沿、爆炸物及有毒有害物质存放处等属于存在安全风险的重要部位，应当设置明显的安全警示标牌。 （2）安全警示牌应设置在所涉及的相应危险地点或设备附近最容易被观察到的地方。 （3）安全警示牌应设置在明亮的、光线充分的环境中。 （4）安全警示牌不得设置在门、窗、架体等可移动的物体上。 （5）多个安全警示牌在一起布置时，应按警告、禁止、指令、提示类型的顺序，先左后右、先上后下进行排列。各标志牌之间的距离至少应为标志牌尺寸的0.2倍。 （6）现场布置的安全警示牌未经允许，任何人不得私自进行挪动、移位、拆除或拆换

【考点8】施工现场综合考评分析

概念	对工程建设参与各方（建设、监理、设计、施工、材料及设备供应单位等）在现场中主体行为责任履行情况的评价
内容	包括建筑业企业的施工组织管理、工程质量管理、施工安全管理、文明施工管理和建设、监理单位的现场管理等五个方面

2A320050 建筑工程施工进度管理

【考点1】施工进度计划的编制（☆☆☆）[15、16案例]

1. 施工进度计划的分类

施工总进度计划	单位工程进度计划	分阶段（或专项工程）工程进度计划	分部分项工程进度计划

2. 单位工程进度计划的内容

> （1）工程建设概况。
> （2）工程施工情况。
> （3）单位工程进度计划，分阶段进度计划，单位工程准备工作计划，劳动力需用量计划，主要材料、设备及加工计划，主要施工机械和机具需要量计划，主要施工方案及流水段划分，各项经济技术指标要求等。

【考点2】流水施工方法在建筑工程中的应用（☆☆☆☆）

1. 流水施工的特点

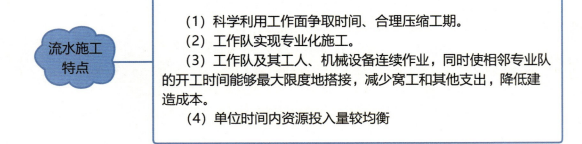

2. 流水施工参数

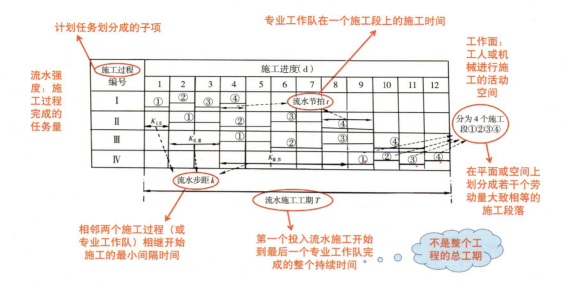

3. 流水施工方法的应用 [20、21 第二批案例]

项目		计算
流水步距的确定		采用**累加数列错位相减取大差法**计算。基本步骤为： （1）对每一个施工过程在各施工段上的流水节拍依次累加，求得各施工过程流水节拍的累加数列； （2）将相邻施工过程流水节拍累加数列中的后者错后一位，相减后求得一个差数列； （3）在差数列中取最大值，即为这两个相邻施工过程的流水步距
流水施工工期的确定	固定节拍流水施工	有间歇时间的： $T=(n-1)t+\Sigma G+\Sigma Z+mt$ $=(m+n-1)t+\Sigma G+\Sigma Z$ 式中 n——施工过程数目； 　　m——施工段数目； 　　t——流水节拍； 　　ΣG——工艺间歇时间； 　　ΣZ——组织间歇时间　　　　　　有提前插入时间的： $T=(n-1)t+\Sigma G+\Sigma Z-\Sigma C+mt$ $=(m+n-1)t+\Sigma G+\Sigma Z-\Sigma C$ 式中 ΣC——提前插入时间； 其余符号同前
	非节奏流	$T=\Sigma K+\Sigma t_n+\Sigma Z+\Sigma G-\Sigma C$ 式中 T——流水施工工期； 　　ΣK——各施工过程（或专业工作队）之间流水步距之和； 　　Σt_n——最后一个施工过程（或专业工作队）在各施工段流水节拍之和； 　　ΣZ——组织间歇时间之和； 　　ΣG——工艺间歇时间之和； 　　ΣC——提前插入时间之和

1个公式+1个方法计算各类流水施工的流水步距与施工工期

【1个公式】流水施工工期=∑流水步距+∑最后一个施工过程的流水节拍+∑间歇时间－∑插入时间
——主要在于计算流水步距，在"加快的成倍节拍流水施工"中，流水步距=min[所有施工过程的流水节拍]，工作队数=∑（所有施工过程的流水节拍的比例）。
其他类型的流水施工的流水步距，采用"累加数列错位相减取大差法"计算。
【1个方法】累加数列错位相减取大差法（分3步）：第1步：累加数列；第2步：错位相减；第3步：取大差。

【考点3】网络计划方法在建筑工程中的应用（☆☆☆☆☆）
[13、14、15、17、18、19、21第一批、22两天考三科案例]

1. 根据紧前工作关系绘制网络图

（1）当工作只有一项紧前工作时，直接将该工作画在其紧前工作之后。
（2）当工作有多项紧前工作时：
①在紧前工作中，有一项紧前工作只出现一次，那么直接将该工作画在其后。
②在紧前工作中，有多项紧前工作只出现一次，那么要先将多项紧前工作节点合并，将该工作画在合并节点之后。
③如本工作的所有紧前工作，同时出现若干次，那么将这些紧前工作节点合并，将该工作画在合并节点之后。
④如果不存在①、②、③的情况，那么要将该工作画在其紧前工作的中部，然后用虚线将其各紧前工作分别相连。

 当已知每一项工作的紧后工作时，也可按类似的方法进行网络图的绘制，只是其绘图顺序由前述的从左向右改为从右向左。

2. 网络计划计算工期和时差的计算

计算工期		网络计划的计算工期应等于以网络计划终点节点为完成节点的工作的最早完成时间的最大值
时差	总时差	工作的总时差等于该工作最迟完成时间与最早完成时间之差，或该工作最迟开始时间与最早开始时间之差
	自由时差	对于有紧后工作的工作，其自由时差等于本工作之紧后工作最早开始时间减本工作最早完成时间所得之差的最小值。
		对于无紧后工作的工作，也就是以网络计划终点节点为完成节点的工作，其自由时差等于计划工期与本工作最早完成时间之差

 快速计算总时差的方法——取最小值法
一找——找出经过该工作的所有线路。注意一定要找全，如果找不全，可能会出现错误。
一加——计算各条线路中所有工作的持续时间之和。

一减——分别用计算工期减去各条线路的持续时间之和。
取小——取相减后的最小值就是该工作的总时差。

3. 关键线路与关键工作确定

（1）在网络计划中，线路上总的持续时间最长的线路为关键线路。
（2）在网络计划中，总时差最小的工作就是关键工作。
（3）在网络计划中，关键线路上的工作称为关键工作。

 关键线路的确定经常会在案例分析题中考核。判断关键线路，求工期是常考问题。要特别注意一点：看清问题，是用工作表示关键线路，还是用节点编号来表示。
网络计划与工期索赔属于高频考点，判断要点是：非承包方责任；延误时间超过总时差。

【考点4】施工进度计划的检查与调整（☆☆☆☆）
[16、19、21第一批、22两天考三科案例]

1. 施工进度计划的调整

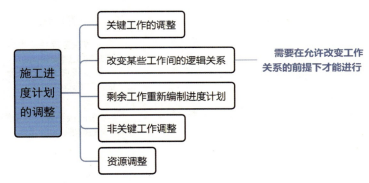

2. 分析进度偏差对后续工作及总工期的影响

提示 对于同一项工作而言，自由时差不会超过总时差。而且总时差与自由时差总是大于0的；当工作的总时差为零时，其自由时差必然为零。

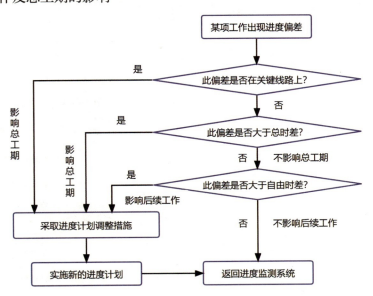

3. 时标网络图中前峰线的运用

直观反映		表明关系	预测影响	
实际进展位置点	实际进度	拖后或超前时间	对后续工作影响	对总工期影响
落在检查日左侧	拖后	检查时刻-位置点时刻	超过自由时差就影响，超几天就影响几天	超过总时差就影响，超几天就影响几天
与检查日重合	一致	0	不影响	不影响
落在检查日右侧	超前	位置点时刻-检查时刻	需结合其他工作分析	需结合其他工作分析

4. 工期优化、费用优化与资源优化

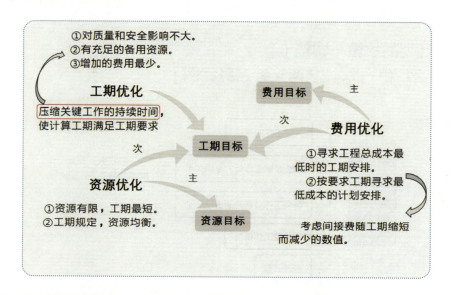

2A320060 建筑工程施工质量管理

【考点1】建筑材料质量管理（☆☆☆☆）

1. 施工检测试验计划 [19案例]

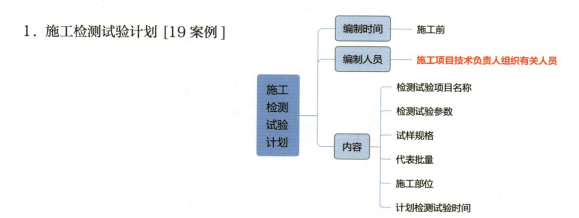

2. 施工过程材料质量检测试验 [22 两天考三科单选]

类别	检测试验项目	主要检测试验参数	备注
土方回填	土工击实	最大干密度	
		最优含水量	
	压实程度	压实系数	
地基与基础	换填地基	压实系数或承载力	
	加固地基、复合地基	承载力	
	桩基	承载力	
		桩身完整性	钢桩除外
基坑支护	土钉墙	土钉抗拔力	
	水泥土墙	墙身完整性	
		墙体强度	设计有要求时
	锚杆、锚索	锁定力	
钢筋连接	机械连接现场检验	抗拉强度	
	钢筋焊接工艺检验、闪光对焊、气压焊	抗拉强度	
		弯曲	适用于闪光对焊、气压焊接头，适用于气压焊水平连接筋
	网片焊接	抗剪力	热轧带肋钢筋
		抗拉强度	冷轧带肋钢筋
		抗剪力	
混凝土	配合比设计	标准养护试件强度	—
	混凝土性能	同条件试件强度	冬期施工或根据施工需要留置
		同条件转标养强度	
		抗渗性能	有抗渗要求时
砌筑砂浆	配合比设计	强度等级、稠度	
	砂浆力学性能	标准养护试件强度	
		同条件试件强度	冬期施工
钢结构	网架结构焊接球节点、螺栓球节点	承载力	安全等级一级、$L \geq 40m$ 且设计有要求时
	焊缝质量	焊缝探伤	
	后锚固（植筋、锚栓）	抗拔承载力	
装饰装修	饰面砖粘贴	粘结强度	

3. 材料检验见证与送样 [21 第二批案例]

(1) 需要见证检测的检测项目，施工单位应在取样及送检前通知见证人员。
(2) 见证人员发生变化时，监理单位应通知相关单位，办理书面变更手续。
(3) 见证人员应对见证取样和送检的全过程进行见证并填写见证记录。
(4) 见证人员应核查见证检测的检测项目、数量和比例是否满足有关规定。

【考点2】地基基础工程施工质量管理（☆☆☆☆）

1. 灌注桩成孔控制深度 [14 案例]

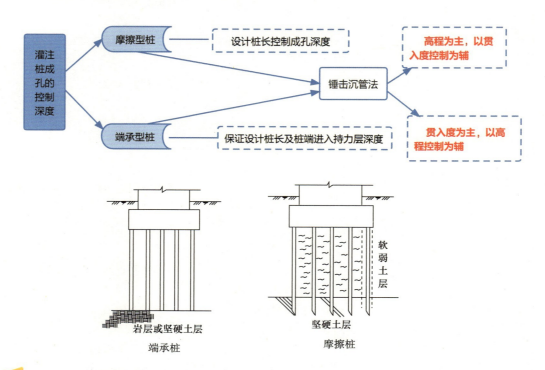

 注意摩擦型桩和端承型桩采用锤击沉管法成孔时的不同，避免造成混淆。

2. 地基工程

灰土地基

(1) 灰土应分层夯实，每层虚铺厚度。
(2) 分段施工时，不得在墙角、柱墩及承重窗间墙下接缝。上下两层的搭接长度不得小于 50cm。

续表

 砂石地基	（1）砂宜选用中砂或粗砂。 （2）铺筑前，先验槽并清除浮土及杂物，地基孔洞、沟、井等已填实，基槽内无积水。 （3）分段施工时，接头处应做成斜坡，每层错开 0.5 ~ 1m
 强夯地基	（1）基坑（槽）的夯实范围应大于基础底面。 （2）夯实前，基坑（槽）底面应高出设计高程，预留土层的厚度可为试夯时的总下沉量加 50 ~ 100mm

3．桩基工程 [15、20 案例]

项目		质量控制
钢筋笼制作与安装		（1）钢筋笼宜分段制作。 （2）加劲箍宜设在主筋外侧，主筋一般不设弯钩。 （3）为保证保护层厚度，钢筋笼上应设有保护层垫块，设置数量每节钢筋笼不应小于 2 组，长度大于 12m 的中间加设 1 组，每组块数不得小于 3 块，且均匀分布在同一截面的主筋上。 （4）环形箍筋与主筋的连接应采用点焊连接，螺旋箍筋与主筋的连接可采用绑扎并相隔点焊，或直接点焊
泥浆护壁钻孔灌注桩施工过程	成孔	应防止地下水位高引起坍孔，应防桩孔出现严重偏斜、位移等
	护筒埋设	回转钻宜大于 100mm；冲击钻宜大于 200mm。护筒中心与桩位中心线偏差不得大于 20mm
	护壁泥浆和清孔	用泥浆循环清孔时，清孔后的泥浆相对密度控制在 1.15 ~ 1.25。第一次清孔在提钻前，第二次清孔在沉放钢筋笼、下导管后 [简记：一清提钻前，二清笼沉下管后]
	水下混凝土浇筑	第一次浇筑混凝土必须保证底端能埋入混凝土中 0.8 ~ 1.3m，以后的浇筑中导管埋深宜为 2 ~ 6m

4．基坑工程

（1）当基坑开挖面上方的锚杆、土钉、支撑未达到设计要求时，严禁向下超挖土方。
（2）采用锚杆或支撑的支护结构，在未达到设计规定的拆除条件时，严禁拆除锚杆或支撑。

5. 土方工程 [20案例、22两天考三科单选]

在挖方前	做好地面排水和降低地下水位工作
土方回填	（1）回填材料的粒径、含水率等应符合设计要求和规范规定。 （2）土方回填前应清除基底的垃圾、树根等杂物，抽除积水，挖出淤泥，验收基底高程。 （3）填筑厚度及压实遍数应根据土质、压实系数及所用机具经试验确定。 （4）预留沉降量比常温时适当增加

 在本考点内容中，多以案例分析题的形式进行考核，通常也会与相关考点相结合进行考核。

【考点3】混凝土结构工程施工质量管理（☆☆☆☆☆）

1．模板工程施工质量控制 [17案例]

> （1）对不小于4m的现浇钢筋混凝土梁、板，其模板应按设计要求起拱。
> （2）立杆的步距不应大于1.8m；顶层立杆步距应适当减小，且不应大于1.5m；支架立杆的搭设垂直偏差不宜大于5/1000，且不应大于100mm。上下楼层模板支架的竖杆宜对准。
> （3）对于后张预应力混凝土结构构件，侧模宜在预应力张拉前拆除；底模支架不应在结构构件建立预应力前拆除。

 这部分内容常会以选择题、案例分析题的形式出现，应结合施工技术章节进行学习。

2．钢筋工程施工质量控制 [16案例、22两天考三科多选]

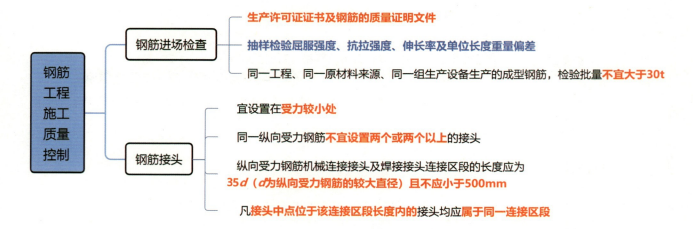

 机械连接接头或焊接接头连接区段的长度如下图所示。

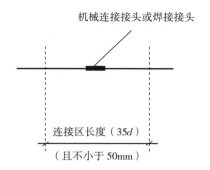

机械连接接头或焊接接头连接区段的长度

3．混凝土工程施工质量控制 [13单选、16案例、17案例、19案例、22两天考三科单选]

（1）所用原材料进场复验

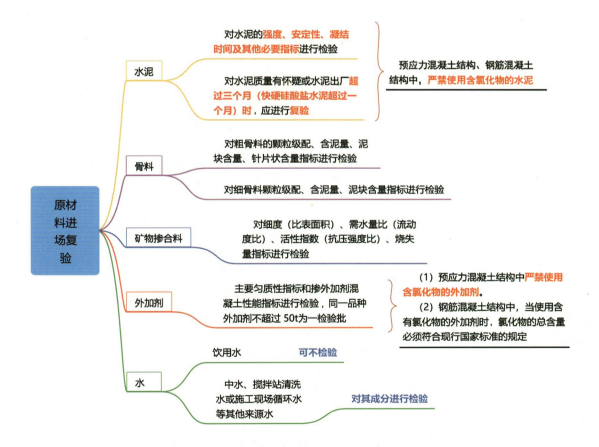

（2）混凝土浇筑前的检查内容

> 应检查混凝土运输单，核对混凝土配合比，确认混凝土强度等级，检查混凝土运输时间，测定混凝土坍落度，必要时还应测定混凝土扩展度，在确认无误后再进行混凝土浇筑。

（3）柱、墙混凝土浇筑

设计强度比梁、板混凝土设计强度高一个等级时	柱、墙位置梁、板高度范围内的混凝土经设计单位同意，可采用与梁、板混凝土设计强度等级相同的混凝土进行浇筑
设计强度比梁、板混凝土设计强度高两个等级及以上时	应在交界区域采取分隔措施。分隔位置应在低强度等级的构件中，且距高强度等级构件边缘不应小于500mm（如右图所示）

4．装配式结构工程施工质量控制

（1）应编制专项施工方案。
（2）新作、改制及维修后的模具在使用前应进行全数检查。
（3）预制构件安装就位后应及时采取临时固定措施，每个预制构件的临时支撑不宜少于2道。

【考点4】砌体结构工程施工质量管理（☆☆☆）[13案例、14单选]

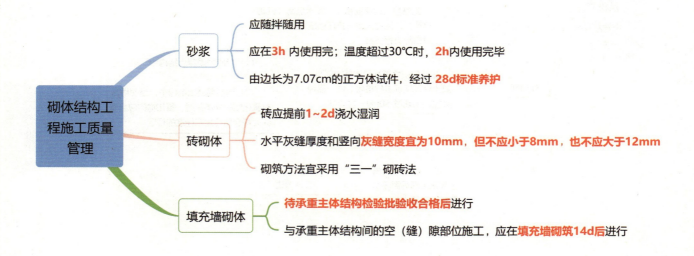

提示 这部分内容应结合施工技术章节学习。

【考点5】钢结构工程施工质量管理（☆☆☆☆）[13单选、19多选、21第一批案例]

1. 钢材的进场验收

对属于下列情况之一的钢材，应进行全数抽样复验：
（1）国外进口钢材；
（2）钢材混批；
（3）板厚等于或大于40mm，且设计有Z向性能要求的厚板；
（4）建筑结构安全等级为一级，大跨度钢结构中主要受力构件所采用的钢材；
（5）设计有复验要求的钢材；
（6）对质量有疑义的钢材。

2. 施工过程质量控制

焊接	（1）预热温度低于要求，通过工艺评定试验确定预热温度。 （2）焊缝区以外的母材上严禁打火引弧。 （3）同一部位的焊缝缺陷，返修不宜超过两次	
连接	高强度螺栓	这部分内容可结合施工技术章节学习
	普通螺栓	
安装	多层、高层框架构件安装，应在每一层吊装完成后，进行校正工作。 首节钢柱安装后，进行垂直度、标高、轴线位置校正。 单跨结构从跨端一侧向另一侧、中间向两端（两端向中间）；多跨结构先主跨、后副跨；多机作业，同时进行	
涂装	（1）无防锈涂料的钢表面除锈等级不应低于St2。 （2）防腐涂料施工，当大气温度低于5℃或钢结构表面温度低于露点3℃时，应停止作业	

【考点6】建筑防水、保温工程施工质量管理（☆☆☆）

1. 建筑防水工程质量控制 [15、21第二批案例]

（1）室内防水施工质量控制

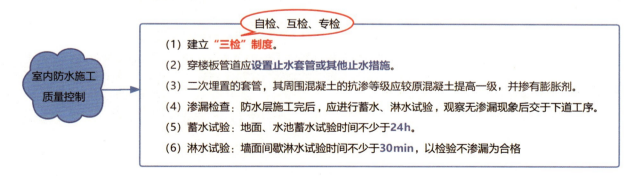

（2）地下防水施工质量控制

> 对于该部分内容，结合施工技术章节学习。

2．建筑保温工程质量控制

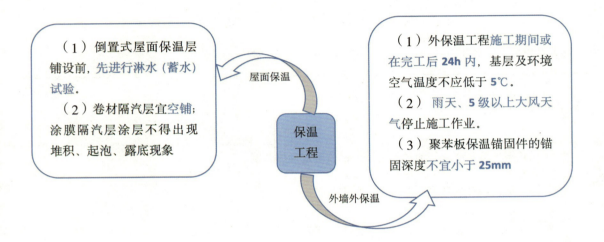

【考点7】墙面、吊顶与地面工程施工质量管理（☆☆☆）

工程		质量验收的一般规定
轻质隔墙工程	板材隔墙与骨架隔墙	每个检验批应至少抽查10%，并不得少于3间；不足3间时应全数检查
	活动隔墙与玻璃隔墙	每批应至少抽查20%，并不得少于6间。不足6间时，应全数检查
吊顶工程		每个检验批应至少抽查10%，并不得少于3间；不足3间时应全数检查
地面工程		（1）每检验批应以各子分部工程的基层（各构造层）和各类面层所划分的分项工程按自然间（或标准间）检验，抽查数量随机检验不应少于3间；不足3间的应全数检查；其中走廊（过道）应以10延长米为1间，工业厂房（按单跨计）、礼堂、门厅应以两个轴线为1间计算。 （2）有防水要求的建筑地面子分部工程的分项工程施工质量每检验批抽查数量应按其房间总数随机检验不应少于4间，不足4间，应全数检查

【考点8】建筑幕墙工程施工质量管理（☆☆☆）

复验的材料及其性能指标	应验收隐蔽工程项目
（1）铝塑复合板的剥离强度。 （2）石材、瓷板、陶板、微晶玻璃板、木纤维板、纤维水泥板和石材蜂窝板的抗弯强度；严寒、寒冷地区石材、瓷板、陶板、纤维水泥板和石材蜂窝板的抗冻性；室内用花岗石的放射性。 （3）幕墙用结构胶的邵氏硬度、标准条件拉伸粘结强度、相容性试验、剥离粘结性试验；石材用密封胶的污染性。 （4）中空玻璃的密封性能。 （5）防火、保温材料的燃烧性能。 （6）铝材、钢材主受力杆件的抗拉强度	（1）预埋件或后置埋件、锚栓及连接件。 （2）构件的连接节点。 （3）幕墙四周、幕墙内表面与主体结构之间的封堵。 （4）伸缩缝、沉降缝、防震缝及墙面转角节点。 （5）隐框玻璃板块的固定。 （6）幕墙防雷连接节点。 （7）幕墙防火、隔烟节点。 （8）单元式幕墙的封口节点

【考点9】门窗与细部工程施工质量管理（☆☆☆）

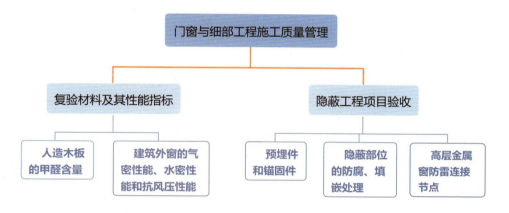

2A320070 建筑工程施工安全管理

【考点1】基坑工程安全管理（☆☆☆☆）

1. 基坑工程监测 [19案例、21第二批案例、22两天考三科单选]

支护结构监测	（1）对围护墙侧压力、弯曲应力和变形的监测。 （2）对支撑（锚杆）轴力、弯曲应力的监测。 （3）对腰梁（围檩）轴力、弯曲应力的监测。 （4）对立柱沉降、抬起的监测等

周围环境监测	（1）坑外地形的变形监测。 （2）邻近建筑物的沉降和倾斜监测。 （3）地下管线的沉降和位移监测等

2. 基坑施工应急处理措施

（1）一旦出现渗水或漏水，应根据水量大小，采用坑底设沟排水、引流修补、密实混凝土封堵、压密注浆、高压喷射注浆等方法及时处理。

（2）对轻微的流沙现象，在基坑开挖后可采用加快垫层浇筑或加厚垫层的方法"压住"流沙。对较严重的流沙，应增加坑内降水措施。

（3）对邻近建筑物沉降的控制一般可采用跟踪注浆的方法。对沉降很大，而压密注浆又不能控制的建筑，如果基础是钢筋混凝土的，则可考虑静力锚杆压桩的方法（如下图所示）。

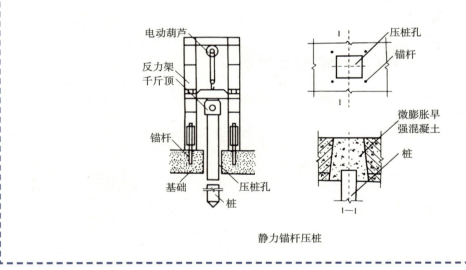

静力锚杆压桩

【考点2】脚手架工程安全管理（☆☆☆☆）

1. 一般脚手架安全控制要点 [22 两天考三科单选]

（1）单排脚手架：不应超过 24m。

（2）双排脚手架：不宜超过 50m。高度超过 50m 的双排脚手架，应采用分段搭设的措施。

（3）在主节点处固定横向水平杆、纵向水平杆、剪刀撑、横向斜撑等用的直角扣件、旋转扣件的中心点的相互距离不应大于 150mm。

（4）脚手架必须设置纵、横向扫地杆。纵向扫地杆应采用直角扣件固定在距钢管底端不大于200mm处的立杆上。

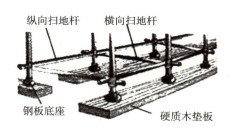

（5）作业脚手架的纵向外侧立面上应设置竖向剪刀撑，并应符合下列规定：

每道剪刀撑的宽度	宽度应为4跨~6跨，且不应小于6m，也不应大于9m
斜杆与水平面的倾角	应在45°~60°之间
当搭设高度在24m以下时	应在架体两端、转角及中间每隔不超过15m各设置一道剪刀撑，并应由底至顶连续设置
当搭设高度在24m及以上时	应在全外侧立面上由底至顶连续设置

（6）作业脚手架应按设计计算和构造要求设置连墙件，并应符合下列要求：

连墙点	水平间距不得超过3跨，竖向间距不得超过3步
连墙点之上架体的悬臂高度	不应超过2步
在架体的转角处、开口型作业脚手架端部	应增设连墙件，连墙件竖向间距不应大于建筑物层高，且不应大于4m

（7）脚手架的拆除作业应符合下列规定：

①同层杆件和构配件应按先外后内的顺序拆除；剪刀撑、斜撑杆等加固杆件应在拆卸至该部位杆件时拆除。
②作业脚手架连墙件应随架体逐层、同步拆除，不应先将连墙件整层或数层拆除后再拆架体。
③作业脚手架拆除作业过程中，当架体悬臂段高度超过2步时，应加设临时拉结。

2．一般脚手架检查与验收程序 [15案例、18案例]

检查和验收阶段

(1) 基础完工后及脚手架搭设前。
(2) 首层水平杆搭设后。
(3) 作业脚手架每搭设一个楼层高度。
(4) 附着式升降脚手架支座、悬挑脚手架悬挑结构搭设固定后。
(5) 附着式升降脚手架在每次提升前、提升就位后，以及每次下降前、下降就位后。
(6) 外挂防护架在首次安装完毕、每次提升前、提升就位后。
(7) 搭设支撑脚手架，高度每2步、4步或不大于6m。
(8) 作业层上施加荷载前。
(9) 遇有六级强风及以上风或大雨后，冻结地区解冻后。
(10) 停用超过一个月

定期检查项目

(1) 主要受力杆件、剪刀撑等加固杆件、连墙件应无缺失、无松动，架体应无明显变形。
(2) 场地应无积水，立杆底端应无松动、无悬空。
(3) 安全防护设施应齐全、有效，应无损坏缺失。
(4) 附着式升降脚手架支座应牢固，防倾、防坠装置应处于良好工作状态，架体升降应正常平稳。
(5) 悬挑脚手架的悬挑支承结构应固定牢固

 这部分内容是选择题和案例分析题的重要采分点，需要重点掌握。

【考点3】模板工程安全管理（☆☆☆）

1．现浇混凝土工程模板支撑系统的选材及安装要求 [16单选、22两天考三科案例]

立柱底部支承结构	必须具有支承上层荷载的能力。 底部应设置木垫板，禁止使用砖及脆性材料铺垫	
立柱连接	接长严禁搭接，必须采用对接扣件连接（如右图所示）。相邻两立柱的对接接头不得在同步内，且对接接头沿竖向错开的距离不宜小于500mm，各接头中心距主节点不宜大于步距的1/3。严禁将上段的钢管立柱与下段钢管立柱错开固定在水平拉杆上	（图：对接扣件、横向水平杆、主节点、立杆、纵向水平杆）
水平拉杆的设置	层高在8～20m时	在最顶步距两水平拉杆中间应加设一道水平拉杆
	层高大于20m时	在最顶两步距水平拉杆中间应分别增加一道水平拉杆

2. 影响模板钢管支架整体稳定性的主要因素 [14 多选]

| 立杆间距 | 水平杆的步距 | 立杆的接长 | 连墙件的连接 | 扣件的紧固程度 |

3. 保证模板安装和拆除施工安全的基本要求 [18 案例]

安装施工安全要求	（1）操作架子上、平台上不宜堆放模板。 （2）冬期施工，冰雪应事先清除。 （3）雨期施工，高耸结构的模板作业，要安装避雷装置，沿海地区要考虑抗风和加固措施。 （4）五级以上大风天气，应停止进行大块模板拼装和吊装作业。 （5）在架空输电线路下方进行模板施工，不能停电作业时，应采取隔离防护措施
拆除施工安全要求	（1）无具体要求时，可按先支的后拆，后支的先拆，先拆非承重的模板，后拆承重的模板及支架。 （2）应分段进行，严禁成片撬落或成片拉拆。 （3）吊运大块或整体模板时，竖向吊运不应少于两个吊点，水平吊运不应少于四个吊点

【考点4】高处作业安全管理（☆☆☆☆☆）

1. 高处作业的分级 [21第一批单选、21第二批案例]

四个等级	高度	坠落半径
一级	2～5m	2m
二级	5～15m	3m
三级	15～30m	4m
四级	大于30m	5m

2. 高处作业的基本安全要求 [21第二批案例]

高处作业的基本安全要求：
- 提供合格的安全帽、安全带、防滑鞋等必备的个人安全防护用具、用品
- 高处作业前，检查安全设施（脚手架、平台、梯子、防护栏杆、挡脚板、安全网等）是否安全可靠
- 应悬挂安全警示标牌
- 在危险部位设红灯示警
- 不得攀爬脚手架或栏杆上下
- 上下应设联系信号或通信装置
- 在六级及六级以上强风和雷电、暴雨、大雾等恶劣气候条件下，不得进行露天高处作业

3. 操作平台作业安全控制要点 [17案例、19多选]

> （1）移动式操作平台台面不得超过 10m²，高度不得超过 5m，高宽比不应大于 2∶1。台面脚手板要铺满钉牢，台面四周设置防护栏杆。
> （2）悬挑式操作平台安装时不能与外围护脚手架进行拉结，应与建筑结构进行拉结。
> （3）落地式操作平台高度不应大于 15m，高宽比不应大于 3∶1，与建筑物应进行刚性连接或加设防倾措施，不得与脚手架连接。

4. 交叉作业安全控制要点 [16、18案例]

> （1）交叉作业时，坠落半径内应设置安全防护棚或安全防护网等安全隔离措施。
> （2）在拆除模板、脚手架等作业时，作业点下方不得有其他作业人员，防止落物伤人。拆下的模板等堆放时，不能过于靠近楼层边沿，应与楼层边沿留出不小于1m的安全距离，码放高度也不得超过 1m。
> （3）结构施工自二层起，凡人员进出的通道口都应搭设符合规范要求的防护棚，高度超过24m的交叉作业，通道口应设双层防护棚进行防护。

【考点5】洞口、临边防护管理（☆☆☆☆）[15、17、21第一批案例]

1. 电梯井口防护设置

电梯井口应设置防护门，其高度应不小于 1.5m，防护门底端距地面高度应不大于 50mm，并应设置挡脚板。在电梯施工前，还应在电梯井内每隔两层（不大于 10m）设一道水平安全网（如右图所示）进行防护

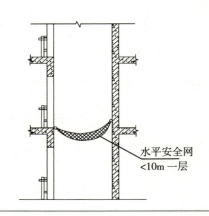

2. 各类洞口防护措施

2.5～25cm（短边尺寸）	必须用坚实的盖板盖严，盖板要有防止挪动移位的固定措施
25～50cm	可用竹、木等材料作盖板，盖住洞口，盖板要保持四周搁置均衡，并有固定其位置不发生挪动移位的措施

续表

50~150cm	必须设置一层以扣件扣接钢管而成的网格栅，并在其上满铺竹笆或脚手板，也可采用贯穿于混凝土板内的钢筋构成防护网栅，钢筋网格间距不得大于20cm	
150cm 以上	四周必须设防护栏杆，洞口下张设安全平网防护	
墙面等处的竖向洞口	凡落地的洞口应加装开关式、固定式或工具式防护门，门栅网格的间距不应大于15cm，也可采用防护栏杆，下设挡脚板（如右图所示）	

3. 临边作业安全防护规定与防护栏杆设置要求

临边作业安全防护规定	（1）必须设置安全警示标牌。 （2）基坑周边、尚未安装栏杆或栏板的阳台周边、无外脚手架防护的楼面与屋面周边、分层施工的楼梯与楼梯段边、龙门架、井架、施工电梯或外脚手架等通向建筑物的通道的两侧边、框架结构建筑的楼层周边、斜道两侧边、料台与挑平台周边、雨篷与挑檐边、水箱与水塔周边等处必须设置防护栏杆、挡脚板，并封挂安全立网进行封闭
防护栏杆设置要求	（1）防护栏杆应由上、下两道横杆及栏杆柱组成，上杆离地高度为1.0~1.2m，下杆离地高度为0.5~0.6m。除经设计计算外，横杆长度大于2m时，必须加设栏杆柱。 （2）当栏杆在基坑四周固定时，可采用钢管打入地面50~70cm深，钢管离边口的距离不应小于50cm。 （3）防护栏杆必须自上而下用安全立网封闭，或在栏杆下边设置高度不低于18cm的挡脚板或40cm的挡脚笆

【考点6】施工用电安全管理（☆☆☆）

1. 施工用电设备配备

临时用电设备	5台及以上或设备总容量在50kW及以上	编制用电组织设计
	5台以下和设备总容量在50kW以下	制定安全用电和电气防火措施
配电箱（三级配电）	总配电箱（配电柜）	（1）尽量靠近变压器或外电电源处。 （2）应安装漏电保护器
	分配电箱	尽量安装在用电设备或负荷相对集中区域的中心地带
	开关箱	（1）视现场情况和工况尽量靠近其控制的用电设备。 （2）施工现场所有用电设备必须有各自专用的开关箱（简记：一机一闸）

续表

两级漏电保护	在开关箱中作为末级保护的漏电保护器，其额定漏电动作电流不应大于30mA，额定漏电动作时间不应大于0.1s
	在潮湿、有腐蚀性介质的场所中，漏电保护器要选用防溅型的产品，其额定漏电动作电流不应大于15mA，额定漏电动作时间不应大于0.1s

提示 掌握三级配电、两级漏电保护、一机一闸。

2. 施工现场照明用电

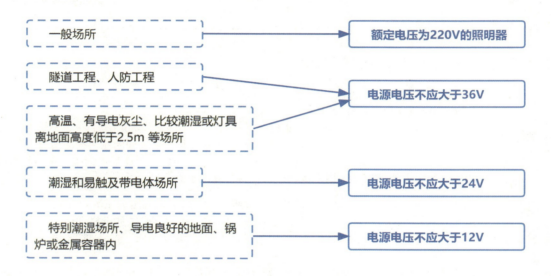

提示
（1）照明变压器必须使用双绕组型安全隔离变压器，严禁使用自耦变压器。
（2）室外220V灯具距地面不得低于3m，室内220V灯具距地面不得低于2.5m。
（3）现场金属架（照明灯架、塔式起重机、施工电梯等垂直提升装置、高大脚手架）和各种大型设施必须按规定装设避雷装置。

【考点7】垂直运输机械安全管理（☆☆☆☆☆）
[13案例、14多选、16案例、17单选、19多选、20多选、21第二批单选]

物料提升机　　　　　　　塔式起重机　　　　　　　外用电梯

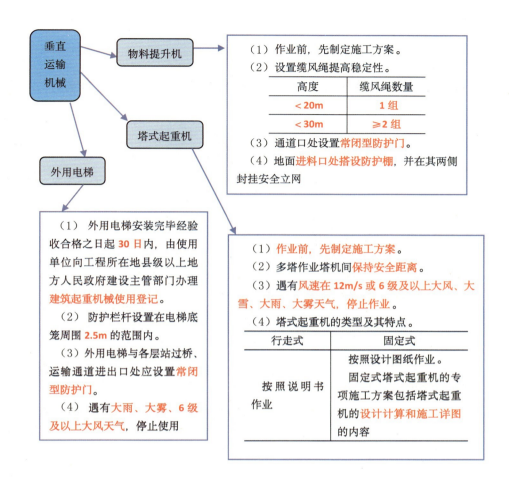

【考点8】施工机具安全管理（☆☆☆）[20 案例]

项目	安全控制要点	
木工机具	（1）不得使用合用一台电机的多功能木工机具。 （2）严禁拆除安全护手装置进行刨削，严禁戴手套进行操作。 （3）机具应使用单向开关，不得使用倒顺双向开关	
手持电动工具	一般作业场所	使用Ⅰ类手持电动工具
	潮湿场所或在金属构架等导电性良好的作业场所	使用Ⅱ类手持电动工具
	狭窄场所（锅炉、金属容器、地沟、管道内等）	采用Ⅲ类工具
电焊机	（1）电焊机一次侧电源线应穿管保护，长度一般不超过5m，焊把线长度一般不应超过30m，并不应有接头，一二次侧接线端柱外应有防护罩。 （2）电焊机施焊现场10m范围内不得堆放易燃、易爆物品	
搅拌机	（1）露天使用的搅拌机应搭设防雨棚。 （2）料斗升起时，严禁在其正下方工作或穿行；当需在料斗下方进行清理和检修时，应将料斗提升至上止点，且必须用保险销锁牢或用保险链挂牢	
潜水泵	（1）潜水泵的电源线应采用防水型橡胶电缆，并不得有接头。 （2）潜水泵在水中应直立放置，水深不得小于0.5m，泵体不得陷入污泥或露出水面	

【考点9】施工安全检查与评定（☆☆☆☆☆）

1. 施工安全检查评定项目 [13单选、14案例、15案例、17案例、18案例、19案例、21第一批多选、22两天考三科案例]

项目		内容
安全管理检查评定项目	保证项目	安全生产责任制、施工组织设计及专项施工方案、安全技术交底、安全检查、安全教育、应急救援
	一般项目	分包单位安全管理、持证上岗、生产安全事故处理、安全标志
安全技术交底检查评定内容		（1）施工负责人在分派生产任务时，应对相关管理人员、施工作业人员进行书面安全技术交底。 （2）安全技术交底应按施工工序、施工部位、施工栋号分部分项进行。 （3）安全技术交底应由交底人、被交底人、专职安全员进行签字确认
安全检查检查评定内容		（1）工程项目部应建立安全检查制度。 （2）安全检查应由项目负责人组织，专职安全员及相关专业人员参加。 （3）对检查中发现的事故隐患应下达隐患整改通知单，定人、定时间、定措施进行整改。重大事故隐患整改后，应由相关部门组织复查
应急救援		（1）工程项目部应针对工程特点，进行重大危险源的辨识。应制定防触电、防坍塌、防高处坠落、防起重及机械伤害、防火灾、防物体打击等主要内容的专项应急救援预案，并对施工现场易发生重大安全事故的部位、环节进行监控。 （2）施工现场应建立应急救援组织，培训、配备应急救援人员，定期组织员工进行应急救援演练。 （3）按应急救援预案要求，应配备相应的应急救援器材和设备
分包单位安全管理		（1）总包单位应对承揽分包工程的分包单位进行资质、安全生产许可证和相关人员安全生产资格的审查。 （2）当总包单位与分包单位签订分包合同时，应签订安全生产协议书，明确双方的安全责任。 （3）分包单位应按规定建立安全机构，配备专职安全员
文明施工检查评定		保证项目应包括：现场围挡、封闭管理、施工场地、材料管理、现场办公与住宿、现场防火。 一般项目应包括：综合治理、公示标牌、生活设施、社区服务

 关于扣件式钢管、悬挑式、门式钢管、碗扣式钢管、附着式升降、满堂脚手架；高处吊篮作业；基坑工程、模板支架、高处作业（包括：三宝、两口、两平台；攀、悬、临）、施工用电；物料提升机、施工升降机、塔式起重机、起重吊装、施工机具等施工安全检查评定项目应熟悉。

2. 施工安全检查评定等级 [14多选、16案例]

等级	标准	
	分项检查评分表	分值
优良	无零分	80分及以上
合格	无零分	80分以下，70分及以上
不合格	一项零分	不足70分

2A320080 建筑工程造价与成本管理

【考点1】工程造价的构成与计算（☆☆☆☆）

1. 直接费和间接费的组成 [13多选、14案例]

直接费	直接工程费	人工费、材料费、施工机械使用费
	措施费	
间接费		规费、企业管理费

2. 建筑安装工程费用组成 [16案例、17单选、18案例]

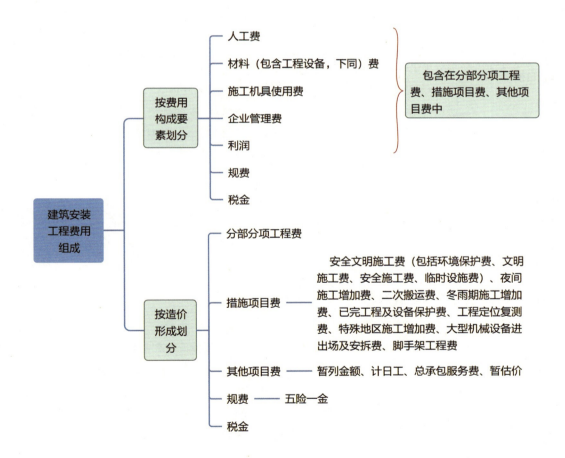

 建筑工程造价的特点是：（1）大额性；（2）个别性和差异性；（3）动态性；（4）层次性。在考试中，往往考查的是按造价形成划分来计算工程造价。

119

【考点2】工程成本的构成与成本计划（☆☆☆）[21第二批、22两天考三科案例]

完全成本法	直接成本＝人工费＋材料费＋机械费＋措施费 间接成本＝企业管理费＋规费，其中企业管理费包括企业（总部）管理费和现场管理费
制造成本法	直接成本＝人工费＋材料费＋机械费＋措施费 间接成本＝现场管理费＋规费

 目标成本＝工程造价（除税金）×[1－目标利润率（%）]

【考点3】工程量清单计价规范的运用（☆☆☆☆）
[15案例、19案例、21第一批多选、22两天考三科案例]

1．工程量清单的构成

分部分项工程项目清单	分部分项工程量清单应载明包括项目编码、项目名称、项目特征、计量单位和工程量（这五个要件缺一不可），并根据拟建工程的实际情况列项
措施项目清单	一般措施项目包括：安全文明施工（含环境保护、文明施工、安全施工、临时设施）；夜间施工；非夜间施工照明；二次搬运；冬雨期施工；大型机械设备进出场及安拆；施工排水；施工降水；地上、地下设施、建筑物的临时保护设施；已完成工程及设备保护
其他项目清单	暂列金额、暂估价、计日工、总承包服务费
规费项目清单	工程排污费、工程定额测定费、社会保障费、住房公积金、危险作业意外伤害保险
税金项目清单	计入建筑安装工程造价内增值税及附加

2．招标工程量清单与投标工程量清单

招标工程量清单	投标工程量清单
招标控制价不得上浮或者下浮，并在招标文件中予以公布。 竣工结算的工程量按发、承包双方在合同中约定应予计量且实际完成的工程量确定	投标总价应当与分部分项工程费、措施项目费、其他项目费和规费、税金的合计金额一致。 措施项目清单中的安全文明施工费应按照不低于国家或省级、行业建设主管部门规定标准的90%计价，不得作为竞争性费用。 规费和税金不得作为竞争性费用

 中标造价＝分部分项工程费＋措施项目费＋暂列金额＋风险费＋规费＋税金

【考点4】合同价款的约定与调整（☆☆☆）[17、21第一批、21第二批案例]

1. 合同价款的约定

单价合同	固定单价合同：适用于虽然图纸不完备但是采用标准设计的工程项目
	可调单价合同：适用于工期长、施工图不完整、施工过程中可能发生各种不可预见因素较多的工程项目
总价合同	固定总价合同：适用于规模小、技术难度小、工期短（一般在一年之内）的工程项目
	可调总价合同：适用于虽然工程规模小、技术难度小、图纸设计完整、设计变更少，但是工期一般在一年之上的工程项目
成本加酬金合同	适用于灾后重建、新型项目或对施工内容、经济指标不确定的工程项目

2. 合同价款的调整

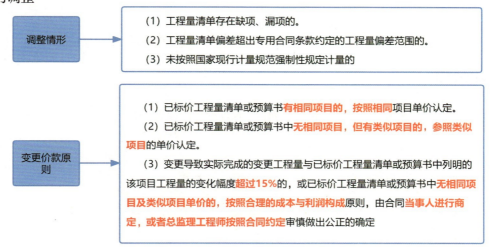

【考点5】预付款与进度款的计算（☆☆☆☆）

1. 预付款 [14、20、22两天考三科案例]

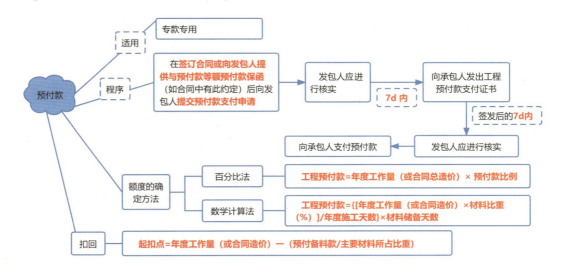

2. 进度款

《建设工程施工合同（示范文本）》的规定	在确认计量结果后 14d 内，发包人应向承包人支付进度款。发包人超过约定的支付时间不支付进度款，承包人可向发包人发出要求付款的通知，发包人接到承包人通知后仍不能按要求付款，可与承包人协商签订延期付款协议，经承包人同意后可延期支付。 发包人不按合同约定支付进度款，双方又未达成延期付款协议，导致施工无法进行，承包人可停止施工，由发包人承担违约责任

【考点6】工程竣工结算（☆☆☆）[13、20、22 两天考三科案例]

《建设工程施工合同（示范文本）》的规定	工程竣工验收报告经发包人认可后 28d 内承包人向发包人提交竣工结算报告及完整的竣工结算资料，双方按照协议书约定的合同价款及专用条款约定的合同价款调整内容，进行工程竣工结算
竣工调值公式法	$P = P_0(a_0 + a_1 A/A_0 + a_2 B/B_0 + a_3 C/C_0 + a_4 D/D_0)$ 式中　　P——工程实际结算价款； 　　　　P_0——调值前工程进度款； 　　　　a_0——不调值部分比重； 　　　　a_1、a_2、a_3、a_4——调值因素比重； 　　　　A、B、C、D——现行价格指数或价格； 　　　　A_0、B_0、C_0、D_0——基期价格指数或价格

【考点7】成本控制方法在建筑工程中的应用（☆☆☆）

1. 成本管理程序的控制过程 [14、15 案例]

管理程序	内容
成本计划	（1）是项目经理部为实现项目责任成本目标，而对成本目标进行分解，确定控制方法和控制措施的过程。 （2）是建立施工项目成本管理责任制、开展成本控制和核算的前提，也是施工项目成本预控的过程
成本控制	致力于按成本计划的要求，合理配置施工资源、控制物资和劳动消耗、挖潜提效、克服浪费、节支降本
成本核算	项目施工过程中所发生的各种费用而形成的施工项目实际成本与计划目标成本，在保持统计口径一致的前提下，进行两相对比，找出差异
成本分析	（1）成本分析贯穿于施工成本管理的全过程。 （2）寻找降低施工项目成本的途径。 （3）成本分析的依据是统计核算、会计核算和业务核算的资料。 （4）建筑工程成本分析方法：第一类是基本分析方法，有比较法，因素分析法，差额分析法和比率法；第二类是综合分析法，包括分部分项成本分析，月（季）度成本分析，年度成本分析，竣工成本分析

续表

管理程序	内容
成本考核	成本考核是指在项目完成后，对项目成本形成中的各责任者，按项目成本目标责任制的有关规定，将成本的实际指标与计划、定额、预算进行对比和考核，评定施工项目成本计划的完成情况和各责任者的业绩，并以此给予相应的奖励和处罚

 提示 因素分析法替换过程中，一次只能替换一个变量，已经替换的数据保留，每次替换与前一次比较。

2. 功能价值的计算 [18 案例]

$$V=F/C$$

2A320090 建筑工程验收管理

【考点1】检验批及分项工程的质量验收（☆☆☆☆）

1. 检验批的质量验收 [13 单选、19 单选、21 第二批案例]

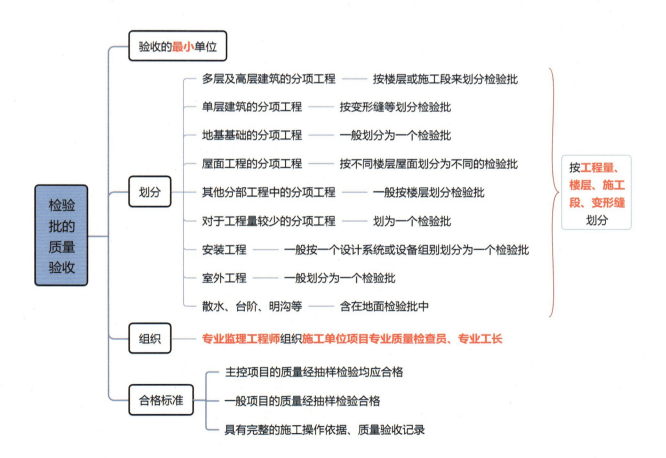

2. 分项工程的质量验收 [15案例、17单选]

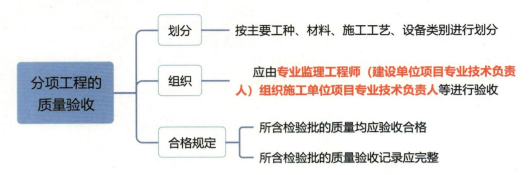

【考点2】分部工程的质量验收（☆☆☆☆☆）
[13案例、14多选、15多选、15案例、21第一批案例、22一天考三科多选]

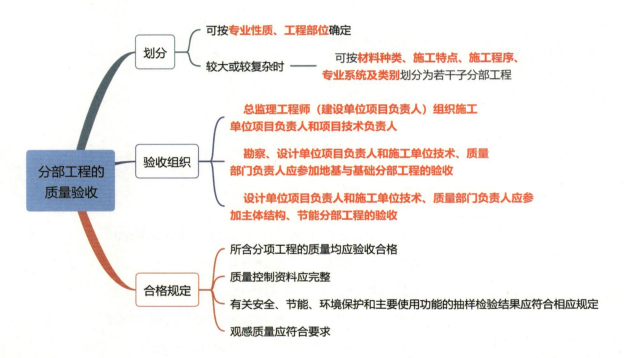

钢结构作为主体结构之一应按子分部工程竣工验收；当主体结构均为钢结构时应按分部工程竣工验收。大型钢结构工程可划分为若干子分部工程进行竣工验收。

【考点3】室内环境质量验收（☆☆☆☆☆）
[13案例、16案例、17多选、19案例、20单选]

（1）民用建筑工程根据控制室内环境污染的不同要求，划分为以下两类：

民用建筑工程	内容
Ⅰ类	住宅、居住功能公寓、老年人照料房屋设施、幼儿园、学校教室、学生宿舍等民用建筑工程

续表

民用建筑工程	内容
Ⅱ类	办公楼、商店、旅馆、文化娱乐场所、书店、图书馆、展览馆、体育馆、公共交通等候室、餐厅等民用建筑工程

（2）民用建筑工程及室内装修工程的室内环境质量验收，应在工程完工至少7d以后、工程交付使用前进行。

（3）检测数量的规定：

> 应抽检每个建筑单体有代表性的房间室内环境污染物浓度，氡、甲醛、氨、苯、甲苯、二甲苯、TVOC的抽检数量不得少于房间总数的5%，每个建筑单体不得少于3间；房间总数少于3间时，应全数检测。

（4）检测方法的规定：

环境污染物浓度现场检测点应距内墙面不小于0.5m、距楼地面高度0.8~1.5m		检测点应均匀分布，避开通风道和通风口
甲醛、氨、苯、甲苯、二甲苯、TVOC浓度检测时	集中通风的	应在通风系统正常运行的条件下进行
	自然通风的	检测应在对外门窗关闭1h后进行
氡浓度检测时	集中通风的	应在通风系统正常运行的条件下进行
	自然通风的	在房间的对外门窗关闭24h以后进行

【考点4】节能工程质量验收（☆☆☆）

1. 节能分部工程质量验收的划分

分部工程	子分部工程	分项工程
建筑节能	围护结构节能工程	墙体节能工程，幕墙节能工程，门窗节能工程，屋面节能工程，地面节能工程
	供暖空调节能工程	供暖节能工程，通风与空调节能工程，冷热源及管网节能工程
	配电照明节能工程	配电与照明节能工程
	监测控制节能工程	监测与控制节能工程
	可再生能源节能工程	地源热泵换热系统节能工程，太阳能光热系统节能工程，太阳能光伏节能工程

2. 节能工程检验批、分项及分部工程的质量验收程序与组织 [16案例、21第二次单选]

项目	组织	参加人员
检验批验收和隐蔽工程验收	专业监理工程师组织并主持	施工单位相关专业的质量检查员与施工员参加

项目	组织	参加人员
分项工程验收	专业监理工程师组织并主持	施工单位项目技术负责人和相关专业的质量检查员、施工员参加验收；必要时可邀请主要设备、材料供应商及分包单位、设计单位相关专业的人员参加验收
分部工程验收	总监理工程师（建设单位项目负责人）组织并主持	（1）施工单位项目负责人、项目技术负责人和相关专业的负责人、质量检查员、施工员参加验收。 （2）施工单位的质量或技术负责人应参加验收。 （3）设计单位项目负责人及相关专业负责人应参加验收。 （4）主要设备、材料供应商及分包单位负责人、节能设计人员应参加验收

3. 建筑节能分部工程质量验收合格规定

（1）分项工程应全部合格。
（2）质量控制资料应完整。
（3）外墙节能构造现场实体检验结果应符合设计要求。
（4）严寒、寒冷和夏热冬冷地区的建筑外窗气密性能现场实体检测结果应符合设计要求、合格。
（5）建筑设备工程系统节能性能检测结果应合格。

【考点5】消防工程竣工验收（☆☆☆）

1. 消防设计审查与验收相关规定 [20 单选]

国务院住房和城乡建设主管部门	负责工作指导监督全国建设工程消防设计审查验收
县级以上地方人民政府住房和城乡建设主管部门（简称消防设计审查验收主管部门）	依职责承担本行政区域内建设工程的消防设计审查、消防验收、备案和抽查工作
建设工程所在行政区域消防设计审查验收主管部门共同的上一级主管部门指定负责	跨行政区域建设工程的消防设计审查、消防验收、备案和抽查工作

2. 特殊建设工程的消防验收 [22 两天考三科多选]

实行消防验收制度	特殊建设工程竣工验收后，建设单位应当向消防设计审查验收主管部门申请消防验收；未经消防验收或者消防验收不合格的，禁止投入使用
建设单位申请消防验收提交的材料	（1）消防验收申请表。 （2）工程竣工验收报告。 （3）涉及消防的建设工程竣工图纸
出具消防验收意见	消防设计审查验收主管部门应当自受理消防验收申请之日起十五日内出具消防验收意见

【考点6】单位工程竣工验收（☆☆☆☆）[13单选、14单选、17案例、19案例]

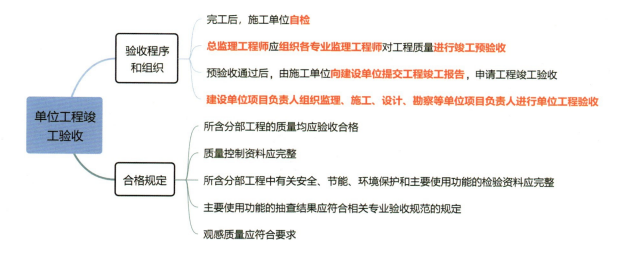

建筑工程施工质量验收不符合要求的处理：

工程质量不符合要求的处理方式	相应的验收方式
返工或返修	重新进行验收
经有资质的检测单位鉴定达到设计要求	予以验收
经检测鉴定达不到设计要求，但经原设计单位核算认可能满足安全和使用功能	可以予以验收
经返修或加固，能满足安全使用要求	可按技术处理方案和协商文件进行验收
工程质量控制资料部分缺失时	委托有资质的检测机构按有关标准进行相应的实体检验或抽样试验
通过返修和加固仍不能满足安全使用要求的	严禁验收

【考点7】工程竣工资料的编制（☆☆☆☆）

1. 工程资料分类

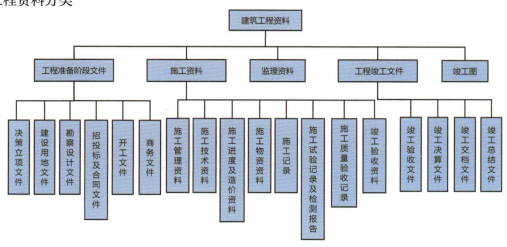

2. 工程资料移交与归档 [14单选、15案例、17案例、19案例]

资料移交	（1）施工单位应向建设单位移交施工资料。 （2）实行施工总承包的，各专业承包单位应向施工总承包单位移交施工资料。 （3）监理单位应向建设单位移交监理资料。 （4）建设单位应按国家有关法规和标准规定向城建档案管理部门移交工程档案，并办理相关手续。有条件时，向城建档案管理部门移交的工程档案应为原件
资料归档	（1）工程资料归档保存期限应符合国家现行有关标准的规定；当无规定时，不宜少于5年。 （2）建设单位工程资料归档保存期限应满足工程维护、修缮、改造、加固的需要

2A330000 建筑工程项目施工相关法规与标准

2A331000 建筑工程相关法规

2A331010 建筑工程管理相关法规

【考点1】民用建筑节能管理规定（☆☆☆☆）
[13案例、14单选、22两天考三科单选]

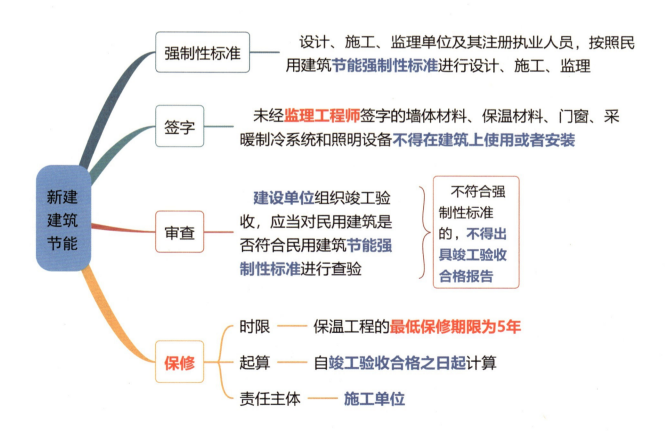

129

【考点2】诚信行为记录公布（☆☆☆☆）[15、17、18 单选]

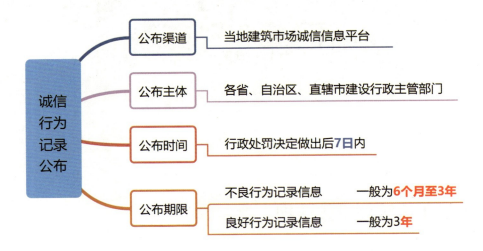

【考点3】危险性较大工程专项施工方案管理办法（☆☆☆☆☆）

1. 危险性较大的分部分项工程安全专项施工方案的定义 [15 多选]

> 建设单位在申请领取施工许可证或办理安全监督手续时，应当提供危险性较大的分部分项工程清单和安全管理措施。
> 施工单位、监理单位应当建立危险性较大的分部分项工程安全管理制度。

2. 危险性较大的分部分项工程范围 [13 案例]

基坑支护、降水工程	（1）开挖深度超过 3m（含 3m）的基坑（槽）的土方开挖、支护、降水工程。 （2）开挖深度虽未超过 3m，但地质条件、周围环境和地下管线复杂，或影响毗邻建、构筑物安全的基坑（槽）的土方开挖、支护、降水工程	
模板工程及支撑体系	各类工具式模板工程	包括滑模、爬模、飞模、隧道模等工程
	混凝土模板支撑工程	（1）搭设高度≥5m。 （2）搭设跨度≥10m。 （3）施工总荷载≥10kN/m²。 （4）集中线荷载≥15kN/m。 （5）高度大于支撑水平投影宽度且相对独立无联系构件的混凝土模板支撑工程
	承重支撑体系	用于钢结构安装等满堂支撑体系
起重吊装及起重机械安装拆卸工程	（1）采用非常规起重设备、方法，且单件起吊重量在 10kN 及以上的起重吊装工程。 （2）采用起重机械进行安装的工程。 （3）起重机械安装和拆卸工程	

续表

脚手架工程	（1）搭设高度≥24m的落地式钢管脚手架工程（包括采光井、电梯井脚手架）。 （2）附着式升降脚手架工程。 （3）悬挑式脚手架工程。 （4）高处作业吊篮。 （5）卸料平台、操作平台工程。 （6）异型脚手架工程
其他	（1）建筑幕墙安装工程。 （2）钢结构、网架和索膜结构安装工程。 （3）人工挖扩孔桩工程。 （4）水下作业工程。 （5）装配式建筑混凝土预制构件安装工程。 （6）采用新技术、新工艺、新材料、新设备可能影响工程施工安全，尚无国家、行业及地方技术标准的分部分项工程

3. 超过一定规模的危险性较大的分部分项工程的范围 [13多选、14多选、16多选、18单选、21第二批多选、22两天考三科案例]

深基坑工程	开挖深度≥5m的基坑（槽）的土方开挖、支护、降水工程	
模板工程及支撑体系	各类工具式模板工程	包括滑模、爬模、飞模、隧道模等工程
	混凝土模板支撑工程	（1）搭设高度≥8m。 （2）搭设跨度≥18m。 （3）施工总荷载≥15kN/m²。 （4）集中线荷载≥20kN/m
	承重支撑体系	用于钢结构安装等满堂支撑体系，承受单点集中荷载≥7kN
起重吊装及起重机械安装拆卸工程	（1）采用非常规起重设备、方法，且单件起吊重量在≥100kN的起重吊装工程。 （2）起重量≥300kN，或搭设总高度≥200m，或搭设基础标高在≥200m的起重机械安装和拆卸工程	
脚手架工程	（1）搭设高度≥50m落地式钢管脚手架工程。 （2）提升高度≥150m附着式升降脚手架工程或附着式升降操作平台工程。 （3）分段架体搭设高度≥20m的悬挑式脚手架工程	
拆除、爆破工程	—	
暗挖工程	—	
其他	（1）施工高度50m及以上的建筑幕墙安装工程。 （2）跨度36m及以上的钢结构安装工程；或跨度60m及以上的网架和索膜结构安装工程。 （3）开挖深度≥16m的人工挖孔桩工程。 （4）水下作业工程。 （5）重量1000kN及以上的大型结构整体顶升、平移、转体等施工工艺。 （6）采用新技术、新工艺、新材料、新设备可能影响工程施工安全，尚无国家、行业及地方技术标准的分部分项工程	

提示 本考点重复考核的概率较高，且多为多项选择题、实务操作和案例分析题的形式进行考核，是必须要熟练掌握的考点。
关于拆除、爆破工程和暗挖工程，了解类型即可，无需记忆过多的细节。

4. 专项方案的编制、审批及论证 [14 案例、15 单选、15 案例、17 案例、19 案例、20 多选、21 第一批案例、22 一天考三科多选、22 两天考三科案例]

编制单位	施工单位应当在危大工程施工前组织工程技术人员编制专项施工方案，实行施工总承包的，专项施工方案应当由施工总承包单位组织编制。 危大工程实行分包的，专项施工方案可以由相关专业分包单位组织编制
危大工程专项施工方案的主要内容	（1）工程概况。 （2）编制依据。 （3）施工计划。 （4）施工工艺技术。 （5）施工安全保证措施。 （6）施工管理及作业人员配备和分工。 （7）验收要求。 （8）应急处置措施。 （9）计算书及相关施工图纸
审批流程	专项施工方案应当由施工单位技术负责人审核签字、加盖单位公章，并由总监理工程师审查签字、加盖执业印章后方可实施。 危大工程实行分包并由分包单位编制专项施工方案的，专项施工方案应当由总承包单位技术负责人及分包单位技术负责人共同审核签字并加盖单位公章
专家论证	（1）对于超过一定规模的危大工程，施工单位应当组织召开专家论证会对专项施工方案进行论证。实行施工总承包的，由施工总承包单位组织召开专家论证会。专家论证前专项施工方案应当通过施工单位审核和总监理工程师审查。 （2）专家论证会的参会人员 1）专家组成员： ①诚实守信、作风正派、学术严谨； ②从事相关专业工作15年以上或具有丰富的专业经验； ③具有高级专业技术职称。 2）建设单位项目负责人。 3）有关勘察、设计单位项目技术负责人及相关人员。 4）总承包单位和分包单位技术负责人或授权委派的专业技术人员、项目负责人、项目技术负责人、专项施工方案编制人员、项目专职安全生产管理人员及相关人员。 5）监理单位项目总监理工程师及专业监理工程师。 （3）专家应当从地方人民政府住房城乡建设主管部门建立的专家库中选取，符合专业要求且人数不得少于5名。与本工程有利害关系的人员不得以专家身份参加专家论证会。 （4）专家论证的主要内容： 1）专项施工方案内容是否完整、可行； 2）专项施工方案计算书和验算依据、施工图是否符合有关标准规范； 3）专项施工方案是否满足现场实际情况，并能够确保施工安全
危大工程验收人员	（1）总承包单位和分包单位技术负责人或授权委派的专业技术人员、项目负责人、项目技术负责人、专项施工方案编制人员、项目专职安全生产管理人员及相关人员。 （2）监理单位项目总监理工程师及专业监理工程师。 （3）有关勘察、设计和监测单位项目技术负责人

提示 本考点为高频考点，且所占分值较大，常以实务操作和案例分析题的形式进行考核，是必须要掌握的考点。

本考点考核形式举例如下：

（1）对超过一定规模的危险性较大分部分项工程的专项施工方案进行专家论证时，关于其专家组组长的说法，正确/错误的是（　　）。

（2）危大工程验收人员包括（　　）。

（3）专项方案实施前，可以进行安全技术交底的交底人有（　　）。

（4）指出专家论证会组织形式的错误之处，说明理由。专家论证包含哪些主要内容？

（5）给出具体事件，指出事件中的错误做法，说明理由。

（6）给出部分参会人员，再问施工单位参加专家论证会议人员还应有哪些？

（7）某项目基坑支护专项施工方案编制到专家论证的过程有何不妥？并说明正确做法。

（8）指出本工程的基坑支护安全专项施工方案审批手续及专家论证组织中的错误之处，并分别写出正确做法。

（9）分别指出事件中专项施工方案编制、审批程序的不妥之处，并写出正确做法。

（10）指出模板（架）工程专项施工方案实施是否妥当？并写出该方案论证、审批程序。

【考点4】工程建设生产安全事故发生后的报告和调查处理程序（☆☆☆☆）

1. 生产安全事故报告及处理的原则 [20 案例]

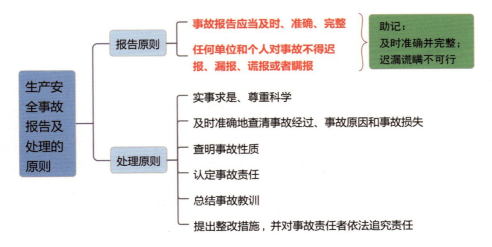

2. 事故报告的期限和内容 [14、15、20 案例]

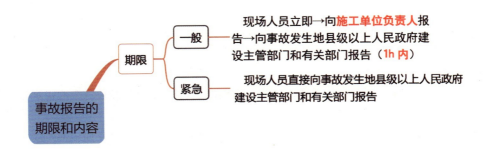

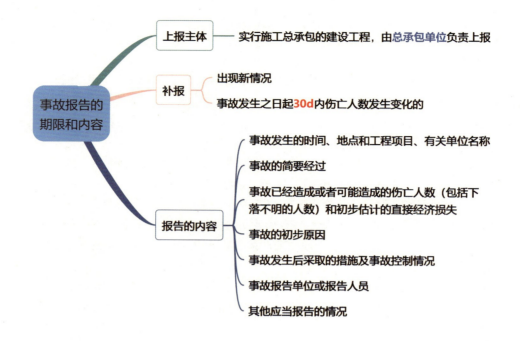

【考点5】建筑工程严禁转包的有关规定（☆☆☆）

存在下列情形之一的，应当认定为转包，但有证据证明属于挂靠或者其他违法行为的除外：
（1）承包单位将其承包的全部工程转给其他单位（包括母公司承接建筑工程后将所承接工程交由具有独立法人资格的子公司施工的情形）或个人施工的；
（2）承包单位将其承包的全部工程肢解以后，以分包的名义分别转给其他单位或个人施工的；
（3）施工总承包单位或专业承包单位未派驻项目负责人、技术负责人、质量管理负责人、安全管理负责人等主要管理人员，或派驻的项目负责人、技术负责人、质量管理负责人、安全管理负责人中一人及以上与施工单位没有订立劳动合同且没有建立劳动工资和社会养老保险关系，或派驻的项目负责人未对该工程的施工活动进行组织管理，又不能进行合理解释并提供相应证明的；
（4）合同约定由承包单位负责采购的主要建筑材料、构配件及工程设备或租赁的施工机械设备，由其他单位或个人采购、租赁，或施工单位不能提供有关采购、租赁合同及发票等证明，又不能进行合理解释并提供相应证明的；
（5）专业作业承包人承包的范围是承包单位承包的全部工程，专业作业承包人计取的是除上缴给承包单位"管理费"之外的全部工程价款的；
（6）承包单位通过采取合作、联营、个人承包等形式或名义，直接或变相将其承包的全部工程转给其他单位或个人施工的；
（7）专业工程的发包单位不是该工程的施工总承包或专业承包单位的，但建设单位依约作为发包单位的除外；
（8）专业作业的发包单位不是该工程承包单位的；
（9）施工合同主体之间没有工程款收付关系，或者承包单位收到款项后又将款项转拨给其他单位和个人，又不能进行合理解释并提供材料证明的。

【考点6】建筑工程严禁违法分包的有关规定（☆☆☆☆☆）

1. 违法分包的定义 [15单选、16案例、21第二批案例、22两天考三科案例]

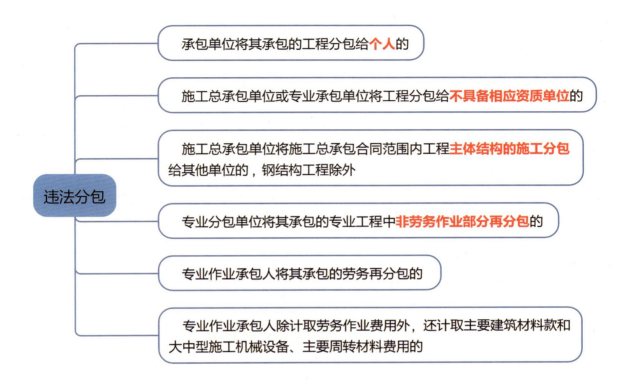

2. 分包必须遵守的规定与总承包的责任 [13案例]

分包必须遵守的规定	（1）中标人只能将中标项目的非主体、非关键性工作分包给具有相应资质条件的单位；施工总承包的，建筑工程主体结构的施工必须由总承包单位自行完成。 （2）分包的工程必须是招标采购合同约定可以分包的工程，合同中没有约定的，必须经招标人认可。 （3）禁止承包人将工程分包给不具备相应资质条件的单位。禁止分包单位将其承包的工程再分包。 （4）承包人不得将其承包的全部建设工程转包给第三人或者将其承包的全部建设工程肢解以后以分包的名义分别转包给第三人
总承包的责任	（1）《招标投标法》第48条第3款规定，中标人应当就分包项目向招标人负责，接受分包的人就分包项目承担连带责任。 （2）《建筑法》第29条规定，建筑工程总承包单位按照总承包合同的约定对建设单位负责；分包单位按照分包合同的约定对总承包单位负责。总承包单位和分包单位就分包工程对建设单位承担连带责任。 （3）总承包人或者勘察、设计、施工承包人经发包人同意，可以将自己承包的部分工作交由第三人完成。第三人就其完成的工作成果与总承包人或者勘察、设计、施工承包人一起向发包人承担连带责任

【考点7】工程保修有关规定（☆☆☆☆☆）

1. 保修期限和保修范围 [15、17、22 一天考三科单选]

期限	具体工程类别
2年	供热与供冷系统（2个采暖期、供冷期）。 电气管线、给排水管道、设备安装和装修工程
5年	屋面防水、有防水要求的卫生间、房间和外墙面的防渗漏工程
设计文件规定的合理使用年限	基础设施工程、房屋建筑地基基础工程和主体结构工程
约定	其他项目的保修期限由发包方与承包方约定

 本考点重复考核概率较高，且题型设置较为单一，当然该考点也可以在实务操作和案例分析题中进行考核，考核形式举例如下：
（1）房屋建筑工程的最低保修期限的说法，正确的是（ ）。
（2）关于房屋建筑工程在正常使用条件下最低保修期限的说法，正确的是（ ）。
（3）下列针对保修期限的合同条款中，不符合法律规定的是（ ）。
（4）本工程装饰装修工程和机电安装工程保修期分别为多少？

2. 保修期内施工单位的责任与不属于房屋建筑工程质量保修办法规定的保修范围 [14案例、16单选]

保修期内施工单位的责任	（1）房屋建筑工程在保修期限内出现质量缺陷，建设单位或者房屋建筑所有人应当向施工单位发出保修通知。施工单位接到保修通知后，应当到现场核查情况，在保修书约定的时间内予以保修。发生涉及结构安全或者严重影响使用功能的紧急抢修事故，施工单位接到保修通知后，应当立即到达现场抢修。 （2）发生涉及结构安全的质量缺陷，建设单位或者房屋建筑所有人应当立即向当地建设行政主管部门报告，采取安全防范措施；由原设计单位或者具有相应资质等级的设计单位提出保修方案，施工单位实施保修，原工程质量监督机构负责监督。 （3）保修完成后，由建设单位或者房屋建筑所有人组织验收。涉及结构安全的应当报当地建设行政主管部门备案。 （4）施工单位不按工程质量保修书约定保修的，建设单位可以另行委托其他单位保修，由原施工单位承担相应责任。 （5）保修费用由质量缺陷的责任方承担。 （6）在保修期限内，因房屋建筑工程质量缺陷造成房屋所有人、使用人或者第三方人身、财产损害的，房屋所有人、使用人或者第三方可以向建设单位提出赔偿要求。建设单位向造成房屋建筑工程质量缺陷的责任方追偿。 （7）因保修不及时造成新的人身、财产损害，由造成拖延的责任方承担赔偿责任

	续表
不属于房屋建筑工程质量保修办法规定的保修范围	（1）因使用不当或者第三方造成的质量缺陷； （2）不可抗力造成的质量缺陷

 考核形式举例如下：

（1）房屋建筑工程在保修期内出现质量缺陷，可向施工单位发出保修通知的是（　　）。

（2）关于保修期内施工单位的责任，表述正确的有（　　）。

（3）事件中，施工单位做法是否正确？说明理由。建设单位另行委托其他单位进行修理是否正确？说明理由。修理费用应如何承担？

【考点8】房屋建筑工程竣工验收备案管理的有关规定（☆☆☆☆）
　　　　[15单选、19单选、20多选]

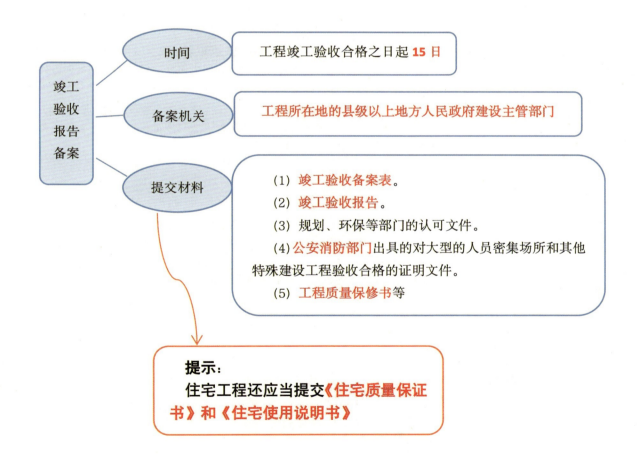

2A332000 建筑工程标准

2A332010 建筑工程管理相关标准

【考点1】建设工程项目管理的有关要求（☆☆☆☆☆）

1. 项目管理责任制度与项目管理策划 [18案例、22两天考三科多选]

项目管理责任制度	（1）项目管理机构应在项目启动前建立，在项目完成后或按合同约定解体。建立项目管理机构应遵循下列步骤： 1）根据项目管理规划大纲、项目管理目标责任书及合同要求明确管理任务； 2）根据管理任务分解和归类，明确组织结构； 3）根据组织结构，确定岗位职责、权限以及人员配置； 4）制定工作程序和管理制度； 5）由组织管理层审核认定。 （2）项目管理目标责任书应在项目实施之前，由组织法定代表人或其授权人与项目管理机构负责人协商制定
项目管理策划	（1）项目管理策划应由项目管理规划策划和项目管理配套策划组成。项目管理规划应包括项目管理规划大纲和项目管理实施规划，项目管理配套策划应包括项目管理规划策划以外的所有项目管理策划内容。 （2）项目管理策划应遵循下列程序： 识别项目管理范围→进行项目工作分解→确定项目的实施方法→规定项目需要的各种资源→测算项目成本→对各个项目管理过程进行策划

2. 采购与投标管理以及质量管理

采购与投标管理	采购计划应包括下列内容： （1）采购工作范围、内容及管理标准； （2）采购信息，包括产品或服务的数量、技术标准和质量规范； （3）检验方式和标准； （4）供方资质审查要求； （5）采购控制目标及措施
质量管理	项目质量计划应包括下列内容： （1）质量目标和质量要求； （2）质量管理体系和管理职责； （3）法律法规和标准规范； （4）质量控制点的设置与管理； （5）项目生产要素的质量控制； （6）实施质量目标和质量要求所采取的措施； （7）项目质量文件管理

3. 进度管理 [18案例、19案例]

各类进度计划应包括的内容	（1）编制说明； （2）进度安排； （3）资源需求计划； （4）进度保证措施
进度计划的检查应包括的内容	（1）工作完成数量； （2）工作时间的执行情况； （3）工作顺序的执行情况； （4）资源使用及其与进度计划的匹配情况； （5）前次检查提出问题的整改情况
进度计划变更可包括的内容	（1）工程量或工作量； （2）工作的起止时间； （3）工作关系； （4）资源供应
预防风险的措施	项目管理机构应识别进度计划变更风险，并在进度计划变更前制定下列预防风险的措施： （1）组织措施； （2）技术措施； （3）经济措施； （4）沟通协调措施

4. 成本管理 [15案例、18案例]

成本核算	项目管理机构应按规定的会计周期进行项目成本核算。项目成本核算应坚持形象进度、产值统计、成本归集同步的原则，项目管理机构应编制项目成本报告
成本分析	成本分析宜包括下列内容： （1）时间节点成本分析； （2）工作任务分解单元成本分析； （3）组织单元成本分析；单项指标成本分析； （4）综合项目成本分析
成本考核	组织应以项目成本降低额、项目成本降低率作为对项目管理机构成本考核主要指标

5. 资源管理与沟通管理 [18案例]

资源管理	（1）施工现场应实行劳务实名制管理，建立劳务突发事件应急管理预案。组织宜为从事危险作业的劳务人员购买意外伤害保险。 （2）项目管理机构应制定材料管理制度，规定材料的使用、限额领料、监督使用、回收过程，并应建立材料使用台账。项目管理机构应编制工程材料与设备的需求计划和使用计划。 （3）施工机具与设施操作人员应具备相应技能并符合持证上岗的要求。 （4）项目管理机构应编制项目资金需求计划、收入计划和使用计划

续表

沟通管理	项目管理机构应在项目运行之前，由项目负责人组织编制项目沟通管理计划。 项目沟通管理计划应包括下列内容： （1）沟通范围、对象、内容与目标； （2）沟通方法、手段及人员职责； （3）信息发布时间与方式； （4）项目绩效报告安排及沟通需要的资源； （5）沟通效果检查与沟通管理计划的调整

6. 风险管理 [16案例、22两天考三科多选]

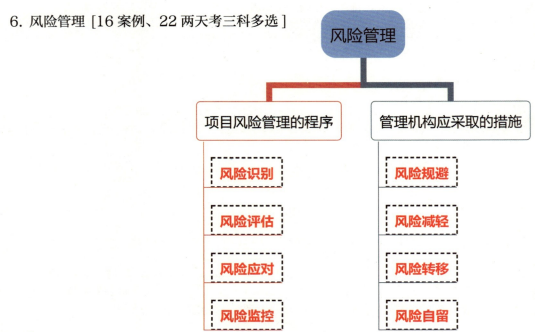

 本考点的考核形式举例如下：
（1）项目管理机构应对负面风险采取的措施有（　　）。
（2）事件中，施工总承包单位进行的风险管理属于施工风险的哪个类型？施工风险管理过程中包括哪些方面？

7. 收尾管理

（1）发包人接到工程承包人提交的工程竣工验收申请后，组织工程竣工验收，验收合格后编写竣工验收报告。工程竣工验收后，承包人应在合同约定的期限内进行工程移交。
（2）工程竣工结算应由承包人实施，发包人审查，双方共同确认后支付。
（3）发包人应依据规定编制并实施工程竣工决算。
工程竣工决算应包括下列内容：
1）工程竣工财务决算说明书；
2）工程竣工财务决算报表；
3）工程造价分析表。

【考点2】建筑施工组织设计的有关要求（☆☆☆）

施工组织总设计	内容	施工组织总设计包括：工程概况、总体施工部署、施工总进度计划、总体施工准备与主要资源配置计划、主要施工方法、施工总平面布置等几个方面
	施工总平面布置应符合的原则	（1）平面布置科学合理，施工场地占用面积少。 （2）合理组织运输，减少二次搬运。 （3）施工区域的划分和场地的临时占用应符合总体施工部署和施工流程的要求，减少相互干扰。 （4）充分利用既有建（构）筑物和既有设施为项目施工服务，降低临时设施的建造费用。 （5）临时设施应方便生产和生活，办公区、生活区和生产区宜分离设置。 （6）符合节能、环保、安全和消防等要求。 （7）遵守当地主管部门和建设单位关于施工现场安全文明施工的相关规定
单位工程施工组织设计		单位工程施工组织设计主要包括工程概况、施工部署、施工进度计划、施工准备与资源配置计划、主要施工方案、施工现场平面布置等几个方面
施工方案		施工方案主要包括工程概况、施工安排、施工进度计划、施工准备与资源配置计划、施工方法及工艺要求等几个方面

【考点3】建设工程文件归档整理的有关要求（☆☆☆☆☆）
[17多选、19单选、20案例、21第一批单选、21第二批单选]

归档文件的质量要求	（1）归档的工程文件应为原件，内容必须真实、准确，与工程实际相符合。 （2）工程文件应采用碳素墨水、蓝黑墨水等耐久性强的书写材料，不得使用红色墨水、纯蓝墨水、圆珠笔、复写纸、铅笔等易褪色的书写材料。 （3）归档的建设工程电子文件的内容必须与其纸质档案一致，且应采用开放式文件格式或通用格式进行存储，并采用电子签名等手段。 （4）工程文件中文字材料幅面尺寸规格宜为A4幅面。图纸宜采用国家标准图幅。不同幅面的工程图纸应统一折叠成A4幅面，图纸标题栏露在外面。 （5）所有竣工图均应加盖竣工图章，图章尺寸为50mm×80mm，应使用不易褪色的印泥，盖在图标栏上方空白处。 竣工图章的基本内容应包括："竣工图"字样、施工单位、编制人、审核人、技术负责人、编制日期、监理单位、现场监理、总监理工程师
工程文件的归档、验收与移交	（1）勘察、设计单位应当在任务完成时，施工、监理单位应当在工程竣工验收前，将各自形成的有关工程档案向建设单位归档。 （2）工程档案的编制不得少于两套，一套应由建设单位保管，一套（原件）应移交当地城建档案管理机构保存。 （3）列入城建档案管理机构接收范围的工程，建设单位在工程竣工验收后3个月内，必须向城建档案管理机构移交一套符合规定的工程档案。 （4）停建、缓建建设工程的档案，可暂由建设单位保管。对改建、扩建和维修工程，建设单位应组织设计、施工单位对改变部位据实编制新的工程档案，并应在工程竣工验收后3个月内向城建档案管理机构移交

本考点为高频考点,且选择题和实务操作与案例分析题均有涉及,考核题型举例如下:
(1)下列书写材料中,填写工程归档文件时可以使用的是( )。
(2)关于工程文件归档组卷的说法,正确的是( )。
(3)在竣工图章中需列明的内容有( )。
(4)建设单位向城建档案管理机构移交工程档案的时间是工程竣工验收后( )内。
(5)指出项目部在整理归档文件时的不妥之处,并说明正确做法。

2A332020 建筑地基基础及主体结构工程相关技术标准

【考点1】建筑地基基础工程施工质量验收的有关要求(☆☆☆)

1. 地基工程 [21第一批多选]

素土、灰土地基	施工中应检查分层铺设厚度、夯实时的加水量、夯压遍数及压实系数。 施工结束后,应进行地基承载力检验
土工合成材料地基	施工中应检查基槽清底状况、回填料铺设厚度及平整度、土工合成材料的铺设方向、接缝搭接长度或缝接状况、土工合成材料与结构的连接状况等。 施工结束后,应进行地基承载力检验
强夯地基	施工中应检查夯锤落距、夯点位置、夯击范围、夯击击数、夯击遍数、每击夯沉量、最后两击的平均夯沉量、总夯沉量和夯点施工起止时间等。 施工结束后,应进行地基承载力、地基土的强度、变形指标及其他设计要求指标检验

2. 基坑支护工程

> 灌注桩施工前应进行试成孔,试成孔数量应根据工程规模和场地地层特点确定,且不宜少于2个。
> 灌注桩排桩应采用低应变法检测桩身完整性,检测桩数不宜少于总桩数的20%,且不得少于5根。
> 采用桩墙合一时,低应变法检测桩身完整性的检测数量应为总桩数的100%;采用声波透射法检测的灌注桩排桩数量不应低于总桩数的10%,且不应少于3根。
> 当根据低应变法或声波透射法判定的桩身完整性为Ⅲ类、Ⅳ类时,应采用钻芯法进行验证。

【考点2】砌体结构工程施工质量验收的有关要求（☆☆☆☆☆）

1. 基本规定 [15多选、21第二批案例、22两天考三科单选]

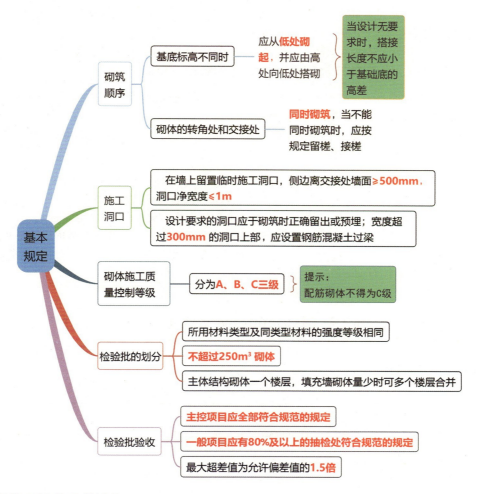

2. 砖砌体工程 [17单选]

一般规定	（1）混凝土多孔砖、混凝土实心砖、蒸压灰砂砖、蒸压粉煤灰砖等块体的产品龄期≥28d。不同品种的砖不得在同一楼层混砌。 （2）有冻胀环境和条件的地区，地面以下或防潮层以下的砌体，不应采用多孔砖。 （3）240mm厚承重墙的每层墙最上一皮砖、砖砌体的台阶水平面上及挑出层的外皮砖，应整砖丁砌。 （4）砖过梁底部的模板及其支架拆除时，灰缝砂浆强度不应低于设计强度的75%。
主控项目	（1）砖砌体的转角处和交接处应同时砌筑，严禁无可靠措施的内外墙分砌施工。在抗震设防烈度为8度及8度以上地区，对不能同时砌筑而又必须留置的临时间断处应砌成斜槎，普通砖砌体斜槎水平投影长度不应小于高度的2/3，多孔砖砌体的斜槎长高比不应小于1/2。 （2）非抗震设防及抗震设防烈度为6度、7度地区的临时间断处，当不能留斜槎时，除转角处外，可留直槎，但直槎必须做成凸槎，且应加设拉结钢筋

3. 填充墙砌体工程 [17多选，21第二批案例]

一般规定	（1）砌筑填充墙时，轻骨料混凝土小型空心砌块和蒸压加气混凝土砌块的产品龄期≥28d，蒸压加气混凝土砌块的含水率宜小于30%。 （2）采用普通砌筑砂浆砌筑填充墙时，烧结空心砖、吸水率较大的轻骨料混凝土小型空心砌块应提前1~2d浇（喷）水湿润。 （3）在厨房、卫生间、浴室等处采用轻骨料混凝土小型空心砌块、蒸压加气混凝土砌块砌筑墙体时，墙底部宜现浇混凝土坎台，其高度宜为150mm
主控项目	（1）烧结空心砖、小砌块和砌筑砂浆的强度等级应符合设计要求。检验方法：查砖、小砌块进场复验报告和砂浆试块试验报告。 （2）填充墙砌体应与主体结构可靠连接，未经设计同意，不得随意改变连接构造方法。 （3）当填充墙与承重墙、柱、梁的连接钢筋采用化学植筋时，应进行实体检测
一般项目	（1）砌筑填充墙时应错缝搭砌，蒸压加气混凝土砌块搭砌长度不应小于砌块长度的1/3；轻骨料混凝土小型空心砌块搭砌长度≥90mm；竖向通缝不应大于2皮。 （2）烧结空心砖、轻骨料混凝土小型空心砌块砌体的灰缝应为8~12mm。蒸压加气混凝土砌块砌体采用水泥砂浆、水泥混合砂浆或蒸压加气混凝土砌块砌筑砂浆时，水平灰缝厚度和竖向灰缝宽度不应超过15mm；当采用蒸压加气混凝土砌块黏结砂浆时，水平灰缝厚度和竖向灰缝宽度宜为3~4mm

【考点3】混凝土结构工程施工质量验收的有关要求（☆☆☆☆☆）

1. 模板分项工程 [17、18案例]

一般规定	（1）模板工程应编制施工方案。 （2）爬升式模板工程、工具式模板工程及高大模板支架工程的施工方案，应按有关规定进行技术论证
模板安装	（1）后浇带处的模板及支架应独立设置。 （2）模板安装时接缝应严密；模板内不应有杂物、积水或冰雪等；模板与混凝土的接触面应平整、清洁；用作模板的地坪、胎模等应平整、清洁，不应有影响构件质量的下沉、裂缝、起砂或起鼓；对清水混凝土及装饰混凝土构件，应使用能达到设计效果的模板。 （3）对跨度≥4m的现浇钢筋混凝土梁、板，其模板应按设计要求起拱；当设计无具体要求时，起拱高度宜为跨度的1/1000~3/1000

2. 钢筋分项工程 [21第一批单选、22两天考三科案例]

钢筋连接	（1）钢筋采用机械连接或焊接连接时，钢筋机械连接接头、焊接接头的力学性能、弯曲性能应符合标准规定。接头试件应从工程实体中截取。 （2）螺纹接头应检验拧紧扭矩值，挤压接头应量测压痕直径，结果应符合标准规定
钢筋安装	钢筋安装时，受力钢筋的品种、级别、规格和数量必须符合设计要求。 检查数量：全数检查

3. 混凝土分项工程 [14 案例]

原材料	（1）水泥进场时应对其品种、级别、包装或散装仓号、出厂日期等进行检查，并应对其强度、安定性及其他必要的性能指标进行复验。 （2）当在使用中对水泥质量有怀疑或水泥出厂超过三个月（快硬硅酸盐水泥超过一个月）时，应进行复验，并按复验结果使用。 （3）钢筋混凝土结构、预应力混凝土结构中，严禁使用含氯化物的水泥。
混凝土施工	用于检查结构构件混凝土强度的试件，应在混凝土的浇筑地点随机抽取。对于同一配合比的混凝土，取样≥1次的情形： 1）每拌制100盘且不超过100m³同配合比的混凝土； 2）每工作班拌制不足100盘时； 3）每次连续浇筑超过1000m³时，每200m³； 4）每一楼层。

4. 现浇结构分项工程 [22 一天考三科单选]

（1）现浇结构拆模后，应由监理（建设）单位、施工单位对外观质量缺陷进行检查，作出记录。
（2）对已经出现的现浇结构外观质量严重缺陷，由施工单位提出技术处理方案，经监理（建设）单位认可后进行处理。对裂缝、连接部位出现的严重缺陷及其他影响结构安全的严重缺陷，技术处理方案尚应经设计单位认可。
（3）对超过尺寸允许偏差且影响结构性能和安装、使用功能的部位，由施工单位提出技术处理方案，经监理（建设）、设计单位认可后进行处理。

5. 混凝土结构子分部工程 [13、21 第一批案例]

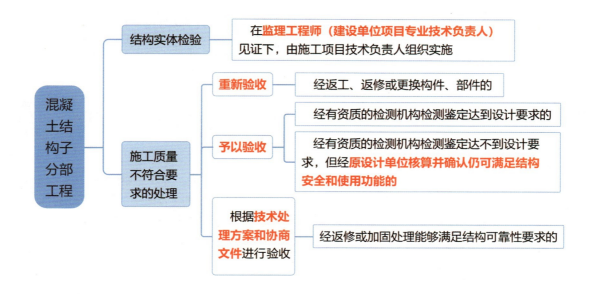

【考点4】钢结构工程施工质量验收的有关要求（☆☆☆）

焊接工程	焊接材料	使用前进行烘焙和存放
	焊工	持证上岗
涂装工程		（1）采用涂料防腐时，表面除锈处理后宜在 4h 内进行涂装，采用金属热喷涂防腐时，钢结构表面处理与热喷涂施工的间隔时间，晴天或湿度不大的气候条件下不应超过 12h，雨天、潮湿、有盐雾的气候条件下不应超过 2h。 （2）采用防火防腐一体化体系（含防火防腐双功能涂料）时，防腐涂装和防火涂装可以合并验收。 （3）当采用厚涂型防火涂料涂装时，80% 及以上涂层面积应满足国家现行标准有关耐火极限的要求，且最薄处厚度不应低于设计要求的 85%

【考点5】屋面工程质量验收的有关要求（☆☆☆）[19 多选]

基层与保护工程	（1）结构找坡不应小于 3%，材料找坡宜为 2%；檐沟、天沟纵向找坡不应小于 1%，沟底水落差不得超过 200mm。 （2）各分项工程每个检验批的抽检数量，应按屋面面积每 100m² 抽查 1 处，每处应为 10m²，且不得少于 3 处
保温与隔热工程	（1）保温材料的导热系数、表观密度或干密度、抗压强度或压缩强度、燃烧性能，必须符合设计要求。 （2）蓄水隔热层与屋面防水层之间应设隔离层
防水与密封工程	（1）屋面坡度大于 25% 时，卷材应采取满粘和钉压固定措施。 （2）卷材铺贴方向宜平行于屋脊，且上下层卷材不得相互垂直铺贴

【考点6】地下防水工程质量验收的有关要求（☆☆☆）[15 单选]

基本规定		地下工程防水等级分为 4 级
主体结构防水工程	防水混凝土	防水混凝土拌制和浇筑过程控制应符合下列规定： （1）拌制混凝土所用材料的品种、规格和用量，每工作班检查不应少于两次； （2）混凝土在浇筑地点的坍落度，每工作班至少检查两次； （3）泵送混凝土在交货地点的入泵坍落度，每工作班至少检查两次； （4）防水混凝土拌合物运输后出现离析时必须二次搅拌。当坍落度损失后不能满足施工要求时，应加入原水胶比的水泥浆或掺入同品种的减水剂进行搅拌，严禁直接加水。 连续浇筑的防水混凝土，每 500m³ 应留置一组 6 个抗渗试件，且每项工程不得少于两组
	水泥砂浆防水层	（1）水泥砂浆防水层适用于地下工程主体结构的迎水面或背水面。不适用于受持续振动或环境温度高于 80℃的地下工程。 （2）水泥砂浆防水层应采用聚合物水泥防水砂浆；掺外加剂或掺合料的防水砂浆

续表

主体结构防水工程	卷材防水层	（1）基层阴阳角应做成圆弧或45°坡角。在转角处、变形缝、施工缝、穿墙管等部位应铺贴卷材加强层，加强层宽度不应小于500mm。 （2）防水卷材的搭接宽度应符合规范要求。铺贴双层卷材时，上下两层和相邻两幅卷材的接缝应错开1/3～1/2幅宽，且两层卷材不得相互垂直铺贴

【考点7】建筑地面工程施工质量验收的有关要求（☆☆☆）[20单选]

基本规定	（1）采用掺有水泥、石灰的拌合料铺设以及用石油沥青胶结料铺贴时，不应低于5℃。 （2）采用有机胶粘剂粘贴时，不应低于10℃。 （3）采用砂、石材料铺设时，不应低于0℃。 （4）采用自流平、涂料铺设时，不应低于5℃，也不应高于30℃
基层铺设	（1）水泥混凝土垫层的厚度不应小于60mm，陶粒混凝土垫层的厚度不应小于80mm。 （2）室内地面的水泥混凝土垫层和陶粒混凝土垫层，应设置纵向缩缝和横向缩缝；纵向缩缝、横向缩缝的间距均不得大于6m。垫层的纵向缩缝应做平头缝或加肋板平头缝。当垫层厚度大于150mm时，可做企口缝。横向缩缝应做假缝
整体面层铺设	（1）铺设整体面层时，其水泥类基层的抗压强度不得小于1.2MPa；表面应粗糙、洁净、湿润并不得有积水。铺设前宜凿毛或涂刷界面剂。 （2）整体面层施工后，养护时间不应少于7d；抗压强度应达到5MPa后，方准上人行走

2A332030 建筑装饰装修工程相关技术标准

【考点1】建筑幕墙工程技术规范中的有关要求（☆☆☆）[17单选]

《金属与石材幕墙工程技术规范》JGJ 133的强制性条文	（1）花岗石板材的弯曲强度应经法定检测机构检测确定，其弯曲强度不应小于8.0MPa。 （2）横梁应通过角码、螺钉或螺栓与立柱连接，角码应能承受横梁的剪力。螺钉直径不得小于4mm，每处连接螺钉数量不应少于3个，螺栓不应少于2个。 （3）上下立柱之间应有不小于15mm的缝隙，并应采用芯柱连结。芯柱总长度不应小于400mm
《人造板材幕墙工程技术规范》JGJ 336的主要条文	（1）适用于地震区和抗震设防烈度不大于8度地震区的民用建筑用瓷板、陶板、微晶玻璃板、石材蜂窝复合板、高压热固化木纤维板和纤维水泥板等外墙用人造板材幕墙工程。 （2）人造板材幕墙的应用高度不宜大于100m

【考点2】住宅装饰装修工程施工的有关要求（☆☆☆）

1. 施工基本要求与防火安全 [19 单选]

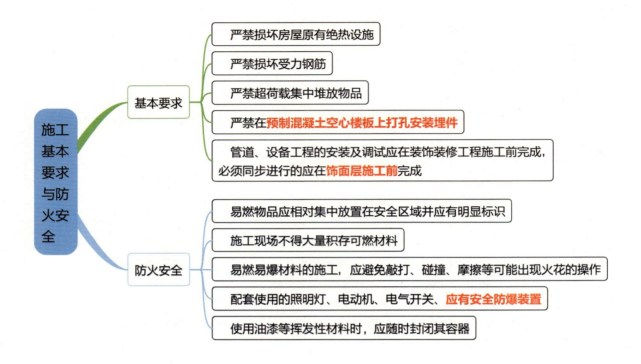

2. 室内环境污染控制

> 标准中控制的室内环境污染为：氡、甲醛、氨、苯、甲苯、二甲苯和挥发性有机物（TVOC）。

3. 施工工艺要求

管道安装工程	嵌入墙体、地面的管道应进行防腐处理并用水泥砂浆保护，其厚度应符合下列要求： （1）墙内冷水管不小于 10mm； （2）热水管不小于 15mm； （3）嵌入地面的管道不小于 10mm
电气安装工程	（1）电气安装工程配线时，相线与零线的颜色应不同；同一住宅相线（L）颜色应统一，零线（N）宜用蓝色，保护线（PE）必须用黄绿双色线。 （2）同一回路电线应穿入同一根管内，但管内总根数不应超过 8 根，电线总截面积（包括绝缘外皮）不应超过管内截面积的 40%。电源线与通信线不得穿入同一根管内

【考点3】建筑内部装修设计防火的有关要求（☆☆☆）[17、22 一天考三科单选]

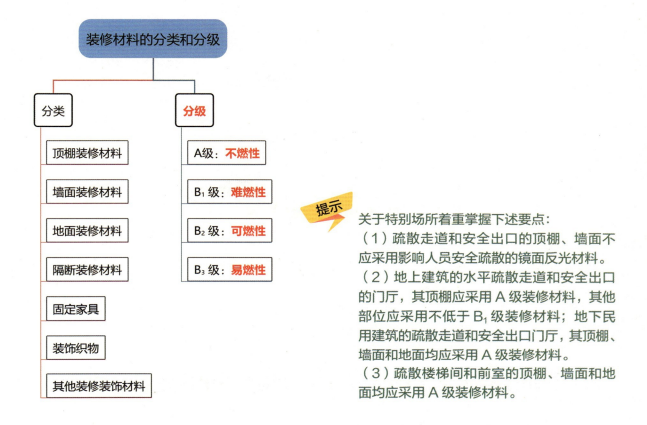

关于特别场所着重掌握下述要点：
（1）疏散走道和安全出口的顶棚、墙面不应采用影响人员安全疏散的镜面反光材料。
（2）地上建筑的水平疏散走道和安全出口的门厅，其顶棚应采用 A 级装修材料，其他部位应采用不低于 B_1 级装修材料；地下民用建筑的疏散走道和安全出口门厅，其顶棚、墙面和地面均应采用 A 级装修材料。
（3）疏散楼梯间和前室的顶棚、墙面和地面均应采用 A 级装修材料。

【考点4】建筑内部装修防火施工及验收的有关要求（☆☆☆）

（1）装修施工前，应对各部位装修材料的燃烧性能进行技术交底。
（2）进入施工现场的装修材料应完好，并应核查其燃烧性能或耐火极限、防火性能型式检验报告、合格证书等技术文件是否符合防火设计要求。
（3）装修材料进入施工现场后，应按规范的有关规定，在监理单位或建设单位监督下，由施工单位有关人员现场取样，并应由具备相应资质的检验单位进行见证取样检验。
（4）装修施工过程中，装修材料应远离火源，并应指派专人负责施工现场的防火安全。
（5）建筑工程内部装修不得影响消防设施的使用功能。装修施工过程中，当确需变更防火设计时，应经原设计单位或具有相应资质的设计单位按有关规定进行。
（6）对隐蔽工程的施工，应在施工过程中及完工后进行抽样检验。现场进行阻燃处理、喷涂、安装作业的施工，应在相应的施工作业完成后进行抽样检验。

【考点5】建筑装饰装修工程质量验收的有关要求（☆☆☆）

1. 装饰装修设计质量验收强制性条文

> 既有建筑装饰装修工程设计涉及主体和承重结构变动时，必须在施工前委托原结构设计单位或者具有相应资质条件的设计单位提出设计方案，或由检测鉴定单位对建筑结构的安全性进行鉴定。

2. 有关安全和功能的检测项目表 [13 多选、15 单选]

子分部工程	检测项目
门窗工程	建筑外窗的气密性能、水密性能和抗风压性能
饰面板工程	饰面板后置埋件的现场拉拔力
饰面砖工程	外墙饰面砖样板及工程的饰面砖粘结强度
幕墙工程	（1）硅酮结构胶的相容性和剥离粘结性。 （2）幕墙后置埋件和槽式预埋件的现场拉拔力。 （3）幕墙的气密性、水密性、耐风压性能及层间变形性能

2A332040 建筑工程节能与环境控制相关技术标准

【考点1】节能建筑评价的有关要求（☆☆☆）

1. 围护结构施工使用的保温隔热材料的性能指标 [22 一天考三科单选]

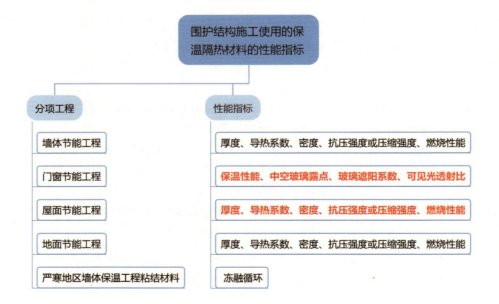

2. 建筑材料和产品进行复验项目

分项工程	性能指标
墙体节能工程	保温材料的导热系数、密度、抗压强度或压缩强度；粘结材料的粘结性能；增强网的力学性能、抗腐蚀性能
门窗节能工程	严寒、寒冷地区气密性、传热系数和中空玻璃露点；夏热冬冷地区遮阳系数
屋面节能工程	保温隔热材料的导热系数、密度、抗压强度或压缩强度
地面节能工程	保温隔热材料的导热系数、密度、抗压强度或压缩强度
严寒地区墙体保温工程粘结材料	冻融循环

3. 公共建筑 [22 两天考三科多选]

建筑规划	（1）新建公共建筑要保证不影响附近既有居住建筑的日照时数。 （2）项目建议书或设计文件中应有节能专项内容
围护结构	（1）采暖空调建筑入口处设置门斗、旋转门、空气幕等避风、防空气渗透、保温隔热措施。 （2）寒冷地区、夏热冬冷和夏热冬暖地区，南向、西向、东向的外窗和透明幕墙设有活动的外遮阳装置
室内环境	（1）建筑围护结构内部和表面应无结露、发霉现象。 （2）建筑中每个房间的外窗可开启面积不小于该房间外窗面积的 30%；透明幕墙具有不小于房间透明面积 10% 的可开启部分
运营管理	夏季室内空调温度设置不应低于 26℃。 冬季室内空调温度设置不应高于 20℃

【考点2】公共建筑节能改造技术的有关要求（☆☆☆）

1. 节能诊断

> 对于建筑外围护结构热工性能，应根据气候区和外围护结构的类型，对下列内容进行选择性节能诊断：
> （1）传热系数；
> （2）热工缺陷及热桥部位内表面温度；
> （3）遮阳设施的综合遮阳系数；
> （4）外围护结构的隔热性能；
> （5）玻璃或其他透明材料的可见光透射比、遮阳系数；
> （6）外窗、透明幕墙的气密性；
> （7）房间气密性或建筑物整体气密性。

2. 保温材料粘结强度性能要求

检测项目	性能要求		
	粘贴EPS板外保温系统	胶粉EPS颗粒保温浆料外保温系统	EPS钢丝网架板现浇混凝土外保温系统
保温层与基层墙体粘结强度（MPa）	≥0.12	≥0.1	≥0.12
抹面层与保温层粘结强度（MPa）	≥0.12，并且应为保温板破坏	≥0.1，并且应为保温层破坏	不涉及
锚栓锚固力（kN/mm）	≥0.30	≥0.30	不涉及
保温板粘贴面积（%）	≥50	不涉及	不涉及

【考点3】建筑节能工程施工质量验收的有关要求（☆☆☆）

1. 建筑节能工程施工质量验收的基本规定 [14案例、16单选]

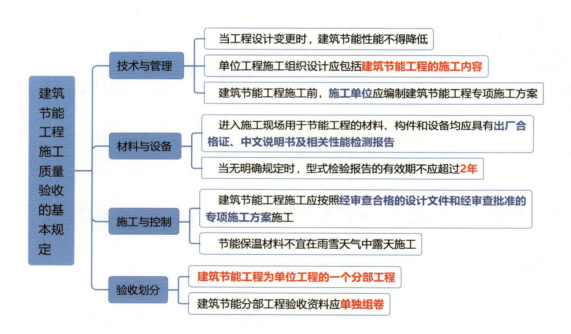

2. 屋面节能工程

隐蔽工程验收	屋面节能工程应对下列部位进行隐蔽工程验收，并应有详细的文字记录和必要的图像资料： （1）基层及其表面处理； （2）保温材料的种类、厚度、保温层的敷设方法；板材缝隙填充质量； （3）屋面热桥部位处理； （4）隔汽层

复验	屋面节能工程使用的材料进场时，应对其下列性能进行复验，复验应为见证取样检验： （1）保温隔热材料的导热系数或热阻、密度、压缩强度或抗压强度、吸水率、燃烧性能（不燃材料除外）； （2）反射隔热材料的太阳光反射比、半球发射率

3. 建筑节能工程围护结构现场实体检验

（1）建筑围护结构节能工程施工完成后，应对围护结构的外墙节能构造和外窗气密性能进行现场实体检验。
（2）建筑外墙节能构造的现场实体检验应包括墙体保温材料的种类、保温层厚度和保温构造做法。
（3）下列建筑的外窗应进行气密性能实体检验：
1）严寒、寒冷地区建筑；
2）夏热冬冷地区高度 ≥ 24m 的建筑和有集中供暖或供冷的建筑；
3）其他地区有集中供冷或供暖的建筑。
（4）外墙节能构造钻芯检验应由监理工程师见证，可由建设单位委托有资质的检测机构实施，也可由施工单位实施。
（5）当对外墙传热系数或热阻检验时，应由监理工程师见证，由建设单位委托具有资质的检测机构实施。
（6）外窗气密性能的现场实体检验应由监理工程师见证，由建设单位委托有资质的检测机构实施。

【考点4】民用建筑工程室内环境污染控制的有关要求（☆☆☆☆）

1. 总则 [18 多选、21 第二批案例]

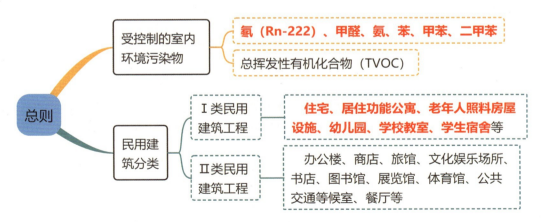

> **提示** Ⅰ类民用建筑工程和Ⅱ类民用建筑工程要能够进行熟练区分。
> 受控制的室内环境污染物的种类为必须掌握的内容。

本考点的考核形式举例如下：
（1）受控制的室内环境污染物有（　　）。
（2）下列污染物中，不属于民用建筑工程室内环境污染物浓度检测时必须检测的项目是（　　）。
（3）根据控制室内环境污染的不同要求，该建筑属于几类民用建筑工程？××表中符合规范要求的检测项有哪些？还应检测哪些项目？

2. 材料

人造木板及饰面人造板	（1）民用建筑工程室内用人造木板及其制品应测定游离甲醛释放量。 （2）环境测试舱法测定的人造木板及其制品的游离甲醛释放量不应大于 $0.124mg/m^3$。 （3）干燥器法测定的人造木板及其制品的游离甲醛释放量不应大于 1.5mg/L。 （4）人造木板及其制品可采用环境测试舱法或干燥器法测定甲醛释放量，当发生争议时应以环境测试舱法的测定结果为准
涂料	（1）民用建筑工程室内用水性涂料和水性腻子，应测定游离甲醛的含量。 （2）民用建筑工程室内用溶剂型涂料和木器用溶剂型腻子，应按其规定的最大稀释比例混合后，测定VOC和苯、甲苯-二甲苯-乙苯的含量
胶粘剂	（1）民用建筑工程室内用水性胶粘剂，应测定挥发性有机化合物（VOC）和游离甲醛的含量。 （2）民用建筑工程室内用溶剂型胶粘剂，应测定挥发性有机化合物（VOC）、苯、甲苯-二甲苯的含量。 （3）聚氨酯胶粘剂应测定游离甲苯二异氰酸酯（TDI）的含量，不应大于10g/kg
水性处理剂	民用建筑工程室内用水性阻燃剂（包括防火涂料）、防水剂、防腐剂等水性处理剂，应测定游离甲醛的含量

3. 工程施工

材料进场检验	（1）民用建筑工程室内装修采用天然花岗岩石材或瓷质砖使用面积大于 $200m^2$ 时，应对不同产品、不同批次材料分别进行放射性指标复验。 （2）民用建筑室内装饰装修中所采用的人造木板及其制品进场时，施工单位应查验其游离甲醛释放量检测报告。 （3）民用建筑室内装饰装修中采用的人造木板面积大于 $500m^2$ 时，应对不同产品、不同批次材料的游离甲醛释放量分别进行抽查复验。 （4）民用建筑室内装饰装修中所采用的水性涂料、水性处理剂进场时，施工单位应查验其同批次产品的游离甲醛含量检测报告；溶剂型涂料进场时，施工单位应查验其同批次产品的VOC、苯、甲苯、二甲苯、乙苯含量检测报告，其中聚氨酯类的材料应有游离二异氰酸酯（TDI+HDI）含量检测报告
施工要求	（1）Ⅰ类民用建筑工程当采用异地土作为回填土时，该回填土应进行镭—226、钍—232、钾—40的比活度的测定。 （2）民用建筑工程室内装修所采用的稀释剂和溶剂，严禁使用苯、工业苯、石油苯、重质苯及混苯。不应使用苯、甲苯、二甲苯和汽油进行除油和清除旧油漆作业。严禁在民用建筑工程室内用有机溶剂清洗施工用具

4. 验收 [15 单选、19 案例]

时间	在工程完工至少 7d 以后、工程交付使用前进行
检测	（1）应抽检每个建筑单体有代表性的房间室内环境污染物浓度，氡、甲醛、氨、苯、甲苯、二甲苯、TVOC 的抽检数量不得少于房间总数的 5%，每个建筑单体不得少于 3 间；房间总数少于 3 间时，应全数检测。 （2）民用建筑工程验收时，凡进行了样板间室内环境污染物浓度检测且检测结果合格的，抽检数量减半，但不得少于 3 间。 （3）当房间内有 2 个及以上检测点时，应采用对角线、斜线、梅花状均衡布点，并应取各点检测结果的平均值作为该房间的检测值。 （4）当对民用建筑室内环境中的甲醛、氨、苯、甲苯、二甲苯、TVOC 浓度检测时，装饰装修工程中完成的固定式家具应保持正常使用状态；采用集中通风的民用建筑工程，应在通风系统正常运行的条件下进行；采用自然通风的民用建筑工程，检测应在对外门窗关闭 1h 后进行。 （5）民用建筑室内环境中氡浓度检测时，对采用集中通风的民用建筑工程，应在通风系统正常运行的条件下进行；采用自然通风的民用建筑工程，应在房间的对外门窗关闭 24h 以后进行。 （6）当室内环境污染物浓度检测结果不符合规范规定时，应对不符合项目再次加倍抽样检测，并应包括原不合格的同类型房间及原不合格房间

关于本考点，考核形式主要有如下几类：
（1）对采用自然通风的民用建筑工程，进行室内环境污染物浓度（TVOC）检测时，应在外门窗关闭至少（　　）后进行。
（2）关于民用建筑工程室内环境质量验收的说法，正确的有（　　）。
（3）请说明再次检测时对抽检房间的要求和数量。
（4）××事件中，室内环境污染物浓度再次检测时，应如何取样？

5. 民用建筑工程室内环境污染物浓度限量

污染物	Ⅰ类民用建筑	Ⅱ类民用建筑
氡（Bq/m³）	≤ 150	≤ 150
甲醛（mg/m³）	≤ 0.07	≤ 0.08
氨（mg/m³）	≤ 0.15	≤ 0.20
苯（mg/m³）	≤ 0.06	≤ 0.09
甲苯（mg/m³）	≤ 0.15	≤ 0.20
二甲苯（mg/m³）	≤ 0.20	≤ 0.20
TVOC（mg/m³）	≤ 0.45	≤ 0.50

6. 室内环境污染物浓度检测点设置

房屋使用面积（m²）	检测点数（个）
＜50	1
≥50，＜100	2
≥100，＜500	不少于3
≥500，＜1000	不少于5
≥1000	≥1000m²的部分，每增加1000m²增设1点，增加面积不足1000m²时可按增加1000m²计算

2A333000 二级建造师（建筑工程）注册执业管理规定及相关要求

【考点1】二级建造师（建筑工程）注册执业工程规模标准（☆☆☆）

1. 房屋建筑专业工程规模标准 [17、22 两天考三科单选]

工程类型	项目名称	单位	规模			备注
			大型	中型	小型	
地基与基础工程	房屋建筑地基与基础工程	层	≥25	5~25	＜5	建筑物层数
	构筑物地基与基础工程	m	≥100	25~100	＜25	构筑物高度
	基坑围护工程	m	≥8	3~8	＜3	基坑深度
	软弱地基处理工程	m	≥13	4~13	＜4	地基处理深度
	其他地基与基础工程	万元	≥1000	100~1000	＜100	单项工程合同额
钢结构工程	钢结构建筑物或构筑物工程（包括轻钢结构工程）	m	≥30	10~30	＜10	钢结构跨度
		t	≥1000	100~1000	＜100	总重量
		m²	≥20000	3000~20000	＜3000	单体建筑面积
	网架结构的制作安装工程	m	≥70	10~70	＜10	网架工程边长
		t	≥300	50~300	＜50	总重量
		m²	≥6000	200~6000	＜200	单体建筑面积
	其他钢结构工程	万元	≥3000	300~3000	＜300	单项工程合同额

续表

工程类型	项目名称	单位	大型	中型	小型	备注
体育场地设施工程	高尔夫球场、室内外迷你高尔夫球场和练习场工程	hm²	≥ 55	25 ~ 55	< 25	单项工程占地面积
		万元	≥ 3200	300 ~ 3200	< 300	单项工程合同额
		洞	≥ 18	9 ~ 18	< 9	洞数
	体育场田径场地设施工程	万人	≥ 2	0.5 ~ 2	< 0.5	容纳人数
		万元	≥ 1000	300 ~ 1000	< 300	单项工程合同额
	体育馆（包括游泳馆、冬季项目馆）设施工程	人	≥ 5000	300 ~ 5000	< 300	容纳人数
	合成面层网球、篮球、排球场地设施工程	m²	≥ 7000	2000 ~ 7000	< 2000	建筑面积
	其他体育场地设施工程	万元	≥ 800	150 ~ 800	< 150	单项工程合同额

注：1. 大中型工程项目负责人必须由本专业注册建造师担任。
2. 一级注册建造师可担任大中小型工程项目负责人，二级注册建造师可担任中小型工程项目负责人。

提示 本考点考核形式举例如下：
（1）下列工程中，建筑工程专业二级注册建造师可担任项目负责人的是（　　）。
（2）下列工程中，超出二级建造师（建筑工程）执业资格范围的是（　　）。

2. 装饰装修专业工程规模标准

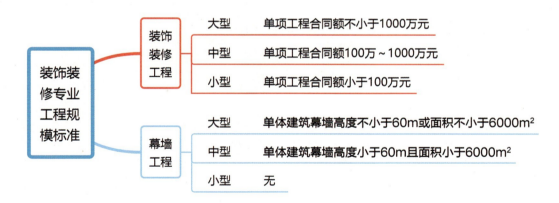

【考点2】二级建造师（建筑工程）施工管理签章文件目录（☆☆☆）

（1）凡是担任建筑工程项目的施工负责人，根据工程类别必须在房屋建筑、装饰装修工程施工管理签章文件上签字并加盖本人注册建造师专用章。
（2）签章要求：在配套表格中"施工项目负责人（签章）处"签章。

图书在版编目（CIP）数据

建筑工程管理与实务考霸笔记 / 全国二级建造师执业资格考试考霸笔记编写委员会编写 .—北京：中国城市出版社，2022.10
（全国二级建造师执业资格考试考霸笔记）
ISBN 978-7-5074-3526-9

Ⅰ.①建… Ⅱ.①全… Ⅲ.①建筑工程—工程管理—资格考试—自学参考资料 Ⅳ.①TU71

中国版本图书馆CIP数据核字（2022）第174591号

责任编辑：冯江晓
责任校对：党　雷
书籍设计：强　森

全国二级建造师执业资格考试考霸笔记
建筑工程管理与实务考霸笔记
全国二级建造师执业资格考试考霸笔记编写委员会　编写
*
中国建筑工业出版社、中国城市出版社出版、发行（北京海淀三里河路9号）
各地新华书店、建筑书店经销
北京海视强森文化传媒有限公司制版
北京云浩印刷有限责任公司印刷
*
开本：880毫米×1230毫米　1/16　印张：10¼　字数：280千字
2022年11月第一版　2022年11月第一次印刷
定价：**48.00**元（含增值服务）
ISBN 978-7-5074-3526-9
（904537）

版权所有　翻印必究
如有印装质量问题，可寄本社图书出版中心退换
（邮政编码100037）